教育部协同育人项目：
多参数 MUCT 工艺运行维护虚拟仿真综合实验（220601282174241）
秦皇岛市科学技术局课题：
洗车废水零排放工艺的研究（201801B053）

可持续发展背景下
工业废水处理技术的优化

伦海波　著

汕頭大學出版社

图书在版编目（CIP）数据

可持续发展背景下工业废水处理技术的优化 ／ 伦海
波著 . -- 汕头 ：汕头大学出版社，2025. 4. -- ISBN
978-7-5658-5579-5

Ⅰ．X703

中国国家版本馆 CIP 数据核字第 2025S8E217 号

可持续发展背景下工业废水处理技术的优化

KE CHIXU FAZHAN BEIJING XIA GONGYE FEISHUI CHULI JISHU DE YOUHUA

著　　者：伦海波

责任编辑：郭　炜

责任技编：黄东生

封面设计：寒　露

出版发行：汕头大学出版社

　　　　　广东省汕头市大学路 243 号汕头大学校园内　　邮政编码：515063

电　　话：0754-82904613

印　　刷：定州启航印刷有限公司

开　　本：710 mm×1000 mm　1/16

印　　张：13

字　　数：185 千字

版　　次：2025 年 4 月第 1 版

印　　次：2025 年 4 月第 1 次印刷

定　　价：78.00 元

ISBN 978-7-5658-5579-5

随着城市化工业化进程加快推进，全球人口增长、资源过度消耗、环境污染、生态破坏等问题日益凸显，使得经济发展与环境、社会之间的矛盾逐渐加剧。为了应对这些全球性挑战，实现长期稳定发展，可持续发展战略被提出了。可持续发展是指既满足当代人的需要，又不对后代人满足其需要的能力构成危害的发展，简单来说就是发展经济的同时保护环境，保证后代能够永续发展。

工业发展在推动经济增长和社会整体进步的同时，带来了严重的环境污染问题，工业废水就是其中重要的问题之一。工业废水中含有多种污染物，如果这些污染物未得到有效处理将会引起范围更广、情况更严重的环境污染问题，因此通过合理的方式对工业废水进行有效处理是保护环境的重要途径，工业废水的处理成了工业领域践行可持续发展战略的体现。基于工业废水处理对可持续发展的重要影响，作者展开对可持续发展背景下工业废水处理技术的优化的研究，以期对本专业领域的当今发展与建设有所裨益。

全书共分为7章。第1章重点介绍了可持续发展的基本理论，包括可持续发展的定义、内涵、目标与原则，以及可持续发展战略的内容；第2章从整体上概述了工业废水的相关内容，包括工业废水的来源、种类与性质、主要污染物与危害、处理工艺设计，并说明了可持续发展对工业废水处理技术的要求；第3章从工业废水的物理处理技术出发，详细介绍了吸附技术、过滤技术、离心分离技术、调节池技术四种物理处理技术，并在此基础上提出了符合可持续发展理念的物理处理技术的优化策略；第4章从工业废水的化学处理技术出发，研究了微电解技术、化学沉淀技术、氧化还原技术，并提出了化学处理技术的优化策略；第5章从工业废水的生物处理技术出发，介绍了生物膜技术、MUCT技术、厌氧生物处理技术，并提出了生物处理技术的优化策略；第6章论述了工业废水处理技术在各行业中的实际应用，包括食品行业、粘胶行业、印染行业及洗车行业；第7章从加快生产方式的绿色化转型、推动环保产业的高速发展，以及促进废水处理的升级三方面分析了可持续发展背景下工业废水处理的发展策略。

本书的特点如下：

首先，本书在内容上紧跟技术发展步伐，密切关注本学科的前沿动态，将最新的技术研究与实际应用案例结合在一起，让读者能够清晰地了解工业废水处理技术的最新进展。

其次，本书的结构十分合理，既有对相关理论的阐述，又有对技术的研究，并在这两部分的基础上分析了技术的实际应用与未来的发展方向。这能够让读者在阅读的过程中，循序渐进、系统地掌握有关工业废水处理技术的知识。

最后，本书将处理技术分为物理处理技术、化学处理技术、生物处理技术三大类，分别从这三类出发论述，能够让读者更加全面立体地了解工业废水的众多处理技术。

本书既是工业废水处理相关领域人员的重要参考书，也可供从事科研、设计、教学、生产等工作的人员使用，同时可作为各类院校有关专业师生的参考用书。由于思路清晰、剖析全面，本书既适合专业人士，也适合普通读者，是一部兼具理论深度与实践价值的著作，对于从事与工业废水处理相关工作的人员来说具有较高的参考价值。

目 录 Contents

第 1 章　可持续发展的基本理论　/　001

1.1　可持续发展的定义与内涵　/　001

1.2　可持续发展的目标与原则　/　004

1.3　可持续发展战略的内容　/　007

第 2 章　工业废水概述　/　009

2.1　工业废水的来源　/　009

2.2　工业废水的种类与性质　/　010

2.3　工业废水中的主要污染物与危害　/　014

2.4　工业废水的处理工艺设计　/　023

2.5　可持续发展对工业废水处理技术的要求　/　028

第 3 章　可持续发展背景下工业废水的物理处理技术与优化　/　030

3.1　吸附技术　/　030

3.2　过滤技术　/　035

3.3　离心分离技术　/　043

3.4　调节池技术　/　046

3.5　物理处理技术的优化策略　/　052

第4章 可持续发展背景下工业废水的化学处理技术与优化 / 056

4.1 微电解技术 / 056

4.2 化学沉淀技术 / 061

4.3 氧化还原技术 / 072

4.4 化学处理技术的优化策略 / 081

第5章 可持续发展背景下工业废水的生物处理技术与优化 / 089

5.1 生物膜技术 / 089

5.2 MUCT 技术 / 121

5.3 厌氧生物处理技术 / 126

5.4 生物处理技术的优化策略 / 137

第6章 可持续发展背景下工业废水处理技术的实践 / 145

6.1 食品行业废水的处理 / 145

6.2 粘胶行业废水的处理 / 155

6.3 印染行业废水的处理 / 163

6.4 洗车行业废水的处理 / 173

第7章 可持续发展背景下工业废水处理的发展策略 / 179

7.1 加快生产方式的绿色化转型 / 179

7.2 推动环保产业的高速发展 / 185

7.3 促进废水处理的升级 / 192

参考文献 / 198

第1章　可持续发展的基本理论

1.1　可持续发展的定义与内涵

1.1.1　可持续发展的定义

"可持续发展"一词的出现可追溯到 1972 年在斯德哥尔摩召开的联合国人类环境会议，而其第一次出现在 1980 年由国际自然保护同盟（现为世界自然保护联盟）制定的《世界自然保护大纲》中。自此之后，可持续发展的定义层出不穷，但至今仍没有一个统一的标准，不同组织和机构给出的可持续发展定义总数超过百种。

在众多定义中，获得最普遍认可的是在 1987 年世界环境与发展委员会发表的《我们共同的未来》中给出的可持续发展定义，即"既满足当代人的需要，又不对后代人满足其需要的能力构成危害的发展"。[①]该定义也被称为布兰特（Brundtland）定义，是目前为止最权威、最流行的可持续发展定义，即便如此，仍有少部分人对它提出了异议。我国

---

① 世界环境与发展委员会.我们共同的未来[M].国家环保局外事办公室，译.北京：世界知识出版社，1989：19.

学者王书明曾提到，布兰特定义具有两大局限性，一是没有突出人和自然之间关系的重要性；二是忽略了当代人之间的关系，而只强调了当代与后代，缺乏对阻碍可持续发展主因的表述。[①] 针对这两点局限性，王书明提出："可持续发展的核心在于正确辨识'人与自然'和'人与人'之间的关系，人类以生态学的智慧和泛爱的道法责任感去规范自己的行为。"[②]

无论对于何种定义，可以确定的是可持续发展是一种考虑自然环境的人类长期发展战略，是一种新概念的发展理论、环境理论和人与自然关系理论，同时可作为全球实现发展的主旨。

1.1.2 可持续发展的内涵

可持续发展的内涵在于人与人、人与自然之间关系的协调。人与人之间的关系包括代际关系与代内关系，代际关系是指上下两代人的关系，就像布兰特定义的内容，当代人满足需要时不能破坏后代人满足其需要的能力。代内关系则更加具体，也更加复杂，是指当代人内部存在的关系。其宏观上包括不同国家、地区、种族之间的矛盾，政府、企业、组织与公众之间的矛盾；微观上包括自我与他人的矛盾、当下的自我与未来的自我之间的矛盾。将可持续发展内涵用一个关系图表示，如图 1-1 所示。

---

① 王书明.可持续发展涵义研究述评：对布兰特定义的质疑和中国学者的理解[J].哲学动态，1996（10）：20.
② 王书明.可持续发展涵义研究述评：对布兰特定义的质疑和中国学者的理解[J].哲学动态，1996（10）：20.

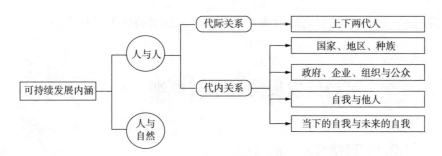

图 1-1 可持续发展内涵

人与人关系的协调是实现可持续发展的重要条件，因为只有人类之间和谐共生，才能保证人与自然形成协调关系。人与人关系中代内关系是重点，但往往现实中这种关系并不和谐，甚至是矛盾的。在代际关系方面，实行可持续发展是为了让一代比一代的发展更和谐，因此当代人在发展中应更多地考虑后代人的生存和发展问题，不能将自己的发展建立在损害后代人发展能力的基础上。人与自然关系的协调是可持续发展需要达成的第二个重要目标，其基本思想是人与自然联合进化、协作共生。人类是自然环境中的一分子，与其他生物共享自然，因此人类应保护生物多样性，尊重生态系统中各个层次的协同性质，在利用自然完成发展的同时应反过来回报自然，使两者达到真正意义上的互利互惠。

可持续发展需要从自然、经济、社会三方面实现。自然可持续发展要求人类发展必须在保证地球自然资源的承载范围内实行，是可持续发展的前提；经济可持续发展要求在不对生态环境造成破坏的条件下，使经济收益最大化，是可持续发展的基础；社会可持续发展是指在确保人与人、人与自然之间达成协调关系后，使社会全面进步，是可持续发展的目标与动力。

可持续发展并不单指自然、经济、社会三者之一的发展，而是这三者的综合发展，并且要使这三者均衡发展，不能顾此失彼。在发展中还需要更多地注意它们之间的相互作用，规避消极作用而提升积极作用，使自然、经济、社会之间形成一种动态平衡的可持续发展状态。

1.2　可持续发展的目标与原则

1.2.1　可持续发展的目标

从可持续发展的定义与内涵来看，可持续发展的目标就是达成人与人、人与自然之间的协调关系，达成自然可持续、经济可持续和社会可持续的发展。2015 年，"联合国可持续发展峰会"在纽约召开，会上193 个成员国联合通过了 17 个可持续发展目标。这 17 个目标使可持续发展变得更加具体，其内容为无贫穷；零饥饿；良好健康与福祉；优质教育；性别平等；清洁饮水和卫生设施；经济适用的清洁能源；体面工作和经济增长；产业、创新和基础设施；减少不平等；可持续的城市和社区；负责任消费和生产；气候行动；水下生物；陆地生物；和平、正义与强大机构；促进目标实现的伙伴关系。这 17 个目标涵盖了人与人关系、人与自然关系，以及自然、经济和社会三大领域。总体来说，可持续发展目标就是让所有人拥有更美好的未来。

1.2.2　可持续发展的原则

在实现可持续发展目标的过程中，要付出很多努力，采取很多措施，这些努力和措施应按照一定规则进行，也就是实现可持续发展的基本原则。具体来说，可持续发展的基本原则包括公平性原则、和谐性原则、持续性原则、需求性原则等。

1.2.2.1 公平性原则

公平性实际上是机会选择的平等性。该原则是针对人与人之间的关系而提出的，因此公平性原则也可分为代内公平与代际公平。可持续发展认为人类若要实现真正的长期稳定发展与进步，一定要在当代人之间、当代人与未来各代人之间实现公平，让所有人都拥有实现美好未来的能力。

1. 代内公平

当代人之间存在矛盾是可持续发展面临的主要问题，因此若要保证可持续发展的公平性，首先要在当代人之间实现公平。在如今的全球范围内，极端贫困群体数量仍是巨大的，2024年10月联合国开发计划署发布的《2024年全球多维贫困指数》指出，全球仍约有11亿人生活在极度贫困中，其中超过一半是未成年人。这一数据表明全球的不平等现象十分严重。针对这种贫富不均且两极分化严重的现象，应将世界财富和资源更加公平地分配和使用，只有这样才能实现可持续发展。在可持续发展目标中，无贫穷居于第一位，这说明消除贫困是可持续发展进程中需要被优先考虑的问题。

要实现每个人的平等性，首先要在国家层面上实现平等。就国家和地区而言，发展并不只属于其中的少部分，而是全部都有权利拥有和达成。但实际上，一些国家通常掌握了更多的资源，但其人口数量很少。这种极度不平等的资源分配，进一步加深了发展的不同步性，阻碍了全球的可持续发展。对于这种情况，这些国家应承担起责任，一方面努力减少资源占用，另一方面帮助其他资源匮乏国家促进经济、医疗、教育等多方面发展。

发展的公平性就是消除国家间、地区间，乃至个人间的发展不平衡，不能以牺牲大多数人的发展为代价而只达成小部分人的更高发展。贫富不均、资源分配不平等的世界永远无法实现可持续发展。

2. 代际公平

可持续发展同样强调上下各代之间的公平性，这是可持续发展战略不同于传统发展战略的关键之处。发展是一个长期、动态且连续的过程，不仅当代人需要发展，后代人同样需要。但地球上的资源，尤其是不可再生资源，是十分有限的，因此在代际也应做到公平分配。简单来说就是不能在当代的发展中将资源过度消耗或将环境严重破坏，使得后代不具有继续发展的能力。比较理想的状态是，当代人留给后代人的资产不少于从祖先处继承的资产。

1.2.2.2 和谐性原则

和谐性原则是指人与自然之间的和谐性，在实现可持续发展的过程中必须保证人与自然和谐共处。可以说人类社会的发展离不开自然环境和资源的支撑，快速的发展会导致环境恶化和资源耗竭，两者又将导致发展减缓，从而形成恶性循环。这并不是可持续发展应该出现的局面，只有保证人与自然和谐共生，才能不走进发展的"绝路"。

遵循和谐性原则的前提是正确看待人与自然的关系。在传统的发展模式中，人类将自己看作中心，对于自然只有探索、征服，甚至剥削。但可持续发展要求人类尊重、顺应自然，与自然和谐共生。人类不再将自己看作自然的中心，也不再将自然看作利用的对象，而是将自己放在自然中去考虑每一步行动，思考它是否会对自然环境造成影响，让自己的行为符合和谐性原则，可以保证人与自然互惠互利、和谐共生。

1.2.2.3 持续性原则

持续性原则主要是针对自然资源而制定的。人类发展很大程度上依赖自然资源，全球范围内资源种类丰富，储备量巨大。即便如此，如果人类滥用资源而丝毫不加节制，那么终有一天会将资源消耗殆尽。就目前来说，人类消耗自然资源的速度已经快要超出地球的再生能力了。除了资源消耗外，人类对于大自然的破坏还包括污染物的排放。对于一定量的污染物，自然环境具有足够的自修复能力，在受到干扰后仍能够保持生产力，但是大量的污染物被排放到自然环境中会使其自净能力不足，造成严重的环境污染。

持续性原则就是要将资源消耗速度和污染物排放量约束在一定范围之内。为了保证发展的可持续性，对于可再生资源，资源消耗速度应小于或等于其最大再生速度；对于不可再生资源，要寻找其可替代资源，在这期间不能将其全部消耗；对于污染物排放，每次的排放量不能超过环境自净的最大限度。

1.2.2.4 需求性原则

传统的发展模式是单纯地以经济增长为目标的，它主要依靠刺激消费需求和生产需求来达成。但是资源是有限的，不能一味地利用资源生产来实现经济的增长。因此，可持续发展将这种模式改变为以需求为中心提升经济效益，立足市场发展经济，以有效减少资源的浪费。这里的需求不仅仅指人类的物质需求和精神需求，还包括环境需求和社会发展需求。环境需求包括环境自净需求与环境保持需求，面对人类的索取和污染，自然环境也需要有一个自净周期和保持限度。社会发展需求包括当代人的需求和后代人的需求，这两者与资源分配相似，都应被满足。

1.3 可持续发展战略的内容

实现可持续发展的关键途径是制定并实施可持续发展战略，所谓可持续发展战略，是指为确保人类美好未来和保护自然环境而做出的一系列计划和行为。可持续发展战略是全方面、多领域的总体发展目标，其制定尤其要考虑自然、经济、社会的协调。对于不同的国家或地区，可以根据自身情况，制定适合自己的可持续发展战略。

基于可持续发展概念的提出，1992年在巴西里约热内卢召开的联合国环境与发展大会，提出并通过了全球范围内的可持续发展战略——《21世纪议程》，并要求各国根据本国的情况制定各自的可持续发展战略。本次会议后，可持续发展战略就成了世界各国发展自然、经济和社会的总体指导思想。

《21世纪议程》的内容涵盖了人类可持续发展的所有领域，它为21世纪实现经济、社会与环境协调发展提供了行动纲领。全文件共分为四部分，第一部分从社会和经济方面提出可持续发展战略，包括加速发展中国家可持续发展的国际合作和有关的国内政策、消除贫穷、改变消费形态、人口动态与可持续能力、保护和增进人类健康、促进人类住区的可持续发展六项战略，并提出将环境与发展问题纳入决策过程；第二部分列举十四项有关保存和管理资源的战略来促进可持续发展；第三部分提出通过加强各主要群组的作用来促进可持续发展，涉及妇女、儿童和青年、土著人民及其社区、非政府组织、支持《21世纪议程》的地方当局、工人和工会、商业和工业、科学和技术界、农民的作用；第四部分提出八项具体的实施手段。

在《21世纪议程》的总体指导下，我国在1995年召开了中国共产党第十四届中央委员会第五次全体会议，江泽民在会上发表的《正确处理社会主义现代化建设中的若干重大关系》的讲话中强调："在现代化建设中，必须把实现可持续发展作为一个重大战略。"对于中国来说，可持续发展战略体现在社会各领域的具体实践中，需要从经济、人口、资源、环境、农业、城市和消费七个方面出发，分别建立相应的、符合我国国情的可持续发展战略。

第2章　工业废水概述

2.1　工业废水的来源

工业废水是指在各工业行业的生产过程中产生和排出的废水和废液，其中含有工业生产原料、中间产物、副产品，以及生产过程中产生的污染物。概括来讲，工业废水主要来源于以下三个方面：

一是原料清洗与加工环节。在对原料进行清洗、加工过程中会产生废水。例如，在选矿时，大量的水用于冲洗矿石、分离有用矿物和废石，这些水流出后就变成了含有铜、铅、锌等重金属和悬浮物的工业废水。

二是生产过程中化学反应生成。在化工、制药等工业生产过程中，化学反应会产生废水。例如，在化工合成中，会生成含有苯系物、酚类等有机污染物和高浓度盐分的废水。

三是设备冷却。工业生产中的许多设备，如高炉、发电机组，需要冷却，冷却用水在循环使用后水温升高，并且会携带一些设备腐蚀产生的杂质、水垢和微生物等，变成工业废水排出。

能够产生工业废水的行业有很多。例如，食品行业，在食品加工过程中，工厂清洁、物料输送、产品清洗等过程都会产生废水；钢铁行业，在从铁矿石中提炼铁的过程中需要添加冷却水，流出的废水中含有氨和氰化物，表面处理时需要在强酸中进行酸洗，这种废水中含有废酸；制浆造纸行业，在制浆过程中需要使用碱性药剂蒸煮植物纤维，使其中的木质素等非纤维素物质溶解分离出来，从而形成黑色废水，这是造纸废水的重要来源。

2.2　工业废水的种类与性质

2.2.1　工业废水的种类

通常情况下，工业废水的产生过程十分复杂，其中含有的成分也比较多样，因此工业废水具有多种分类方法，如图 2-1 所示。

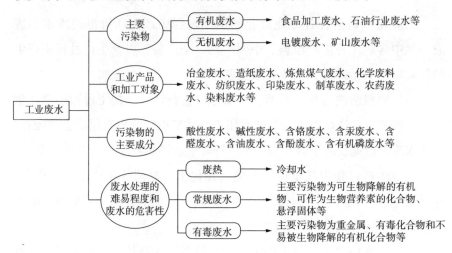

图 2-1　工业废水的种类

按照所含有的主要污染物的化学性质，可将工业废水分为有机废水和无机废水两类。有机废水是指含有大量有机化合物的废水，如食品加工、造纸、印染等行业产生的废水，其中含有的有机化合物包括糖类、蛋白质、油脂、纤维素等。无机废水是指含有无机污染物的废水，如电镀废水中含有铬、镍、铜等重金属离子，矿山废水中含有重金属和矿物盐等。按照工业产品和加工对象，可将工业废水具体分为冶金废水、造纸废水、炼焦煤气废水、化学废料废水、纺织废水、印染废水、制革废水、农药废水、染料废水等。按照所含污染物的主要成分分类，可将工业废水分为酸性废水、碱性废水、含铬废水、含汞废水、含醛废水、含油废水、含酚废水、含有机磷废水等。按照废水处理的难易程度和废水的危害性，可将工业废水分为废热、常规废水和有毒废水。废热是指带有较高温度的废水，主要是指设备的冷却用水；常规废水不具有明显毒性，其中的主要污染物为可生物降解的有机物、可作为生物营养素的化合物、悬浮固体等；有毒废水则是具有明显毒性的废水，可能含有重金属、有毒化合物和不易被生物降解的有机化合物等毒性较大的物质。

从工业废水治理的角度来看，把主要污染物和将要采取的治理方法结合起来进行分类更加合适。基于这种分类方式，可以将工业废水分为含悬浮物工业废水、含无机溶解物工业废水、含有机物工业废水及冷却用水四种。含悬浮物工业废水主要是湿法除尘水、选煤洗涤水、轧钢废水等；含无机溶解物工业废水是一种以重金属离子、酸、碱为主的废水，包括电镀废水、酸洗含酸废液、有色冶金废水等，这类废水毒害作用大，需要较为复杂的处理方法；含有机物工业废水主要有焦化废水、印染废水、造纸黑液等，一般毒性也较大；冷却用水，即在生产中用于冷却的水，这类废水是工业用水中占比较多的一个种类，一般情况下毒性较小，可以直接排放或者循环利用。

在实际情况中，一种工业企业或制造一种工业产品可能会产生多种工业废水，而一种工业废水中可能含有多种污染物和不同的污染效应。例如，染料行业既会产生酸性废水，又会产生碱性废水。

2.2.2 工业废水的性质

随着我国工业领域的快速发展，工业企业数量越来越多、规模越来越大，工业产品也更加多样化，由此产生的废水总量也在逐年增加。工业废水多数都具有较大毒性，会对环境造成较大程度的污染，也会对人体、动植物产生危害。总体来说，工业废水具有来源广泛、排放量大、种类多、危害大且不可逆、处理难度高的特点。

2.2.2.1 来源广泛

工业废水来源于多个行业，如矿产行业、纺织行业、造纸行业、钢铁行业等。可以说大多数工业产品的加工过程都会产生废水，据中华人民共和国生态环境部（以下简称生态环境部）发布的《2022年中国生态环境统计年报》，在全国重点调查的 176 528 家工业企业中，有废水污染物产生或排放的企业共有 80 586 家，占比接近一半。另外，对于某些产品，在其整个加工过程中都有废水排出。例如，在煤炭的开采中会产生选矿废水、出渣废水、洗涤废水及冷却水。因此，工业废水的来源十分广泛，这不仅指能够产生废水的行业多，也指工序步骤或操作过程多。

2.2.2.2 排放量大

工业废水来源广泛，其产生的必然结果就是排放量大。2021 年，我国工业用水量为 1 049.6 亿立方米，占全国用水量的 17.7%，在我国人均水资源不到世界平均水平 1/4 的情况下，钢铁与石油化工行业的用水量已经达到国际先进水平。据不完全统计，我国"十三五"期间工业废水的年排放量均大于 200 亿吨。这些数据足以说明工业废水的排放量之大。

2.2.2.3 种类多

工业废水的多种来源也造成了它的种类众多。对于不同的行业及产品来说，会产生不同种类的工业废水，能够产生工业废水的行业多达十余种，因此产生的废水种类十分多样。对于同一行业或同一产品来说，工业废水还会受到生产原料、生产工艺及生产规模的影响，企业管理与清洁生产水平也会使废水成分发生改变。这进一步使工业废水的种类增加。

2.2.2.4 危害大且不可逆

工业废水最显著的一个特点就是具有较大的毒性，因为很多种类的工业废水中都含有复杂的化学物质，如果这些废水没有得到有效处理就排放到自然环境中，会造成环境的严重污染。尤其是在工业发展的前期，那时人们对工业废水的重视程度还不高，而且废水处理技术与设备还未发展成熟，这使得含有较大毒性的废水被排入环境中，造成人类疾病。最著名的工业废水致病事件是日本的水俣病，1956年日本的水俣湾附近居民患上了一种奇怪的疾病，患者出现口齿不清、手足麻痹、感觉障碍等症状。经过调查得知，这是由于附近的氮肥工厂将没有经过任何处理的废水排放到水俣湾中，而废水中含有大量的汞，汞被水中生物食用后生成了含有剧毒的甲基汞，居民食用了水中生物，进而导致了中毒。水俣病是最早出现的由工业废水排放而产生的公害病。在多数情况下，工业废水造成的危害还体现出较强的不可逆性，一旦对土壤、水体、人体健康、生态系统产生影响，那么这种影响将是难以修复的。

2.2.2.5 处理难度大

工业废水中含有的化学物质往往很难完全去除，只有用到物理、化学、生物等多种处理手段，甚至是多种处理方法结合的综合处理手段，才能将其毒性降低到标准水平。这对处理工艺的技术要求十分高，因此其处理难度较大。

2.3 工业废水中的主要污染物与危害

自工业行业快速发展以来，工业废水污染问题就逐渐成了主要环境污染问题，这是因为其中含有大量会对环境、生命产生巨大危害的污染物。目前已经检测出的工业废水中污染物超过千种，按照性质可将其分为物理性污染物、化学性污染物和生物性污染物三类。物理性污染物是指热污染水、悬浮物质及放射性污染物等；化学性污染物是指酸、碱、盐等无机污染物，汞、铅、镉等重金属，油类、酚类、有机氯和有机磷等有机污染物，另外富营养化物质等都属于化学性污染物；生物性污染物则是指病原微生物等。下面将选取几种重点污染物，着重介绍其来源、基本性质及产生的危害。

2.3.1 热污染水

热污染是指现代工业生产和生活中排放的废热所造成的环境污染，其中废热是指因生产和生活活动需要而制造的热能在利用结束后剩余的部分。简单来说，热污染就是指将具有较高温度的废水排放至环境中。

2.3.1.1 热污染水的来源

在工业废水的来源中，冷却水是占比最大的一部分，冷却水的作用就是降低产品或设备的温度，所以冷却水在排出时其温度往往是极高的，这就形成了热污染水。火力发电厂、核电站和钢铁厂等需要用冷却水的工厂，以及石油、化工、造纸等工厂均能够排出带有较高温度的热污染水。

在为了生产和生活活动需要而制造的全部热能中，进入废水中的热能通常占比很高。例如，在火力发电中，燃料燃烧产生的热能中，只有 40% 会转化为电能，12% 会随着烟气排放到空气中，剩余的 48% 会进入冷却水中成为热污染水；在核电站，进入废水中的热量甚至高达 67%。这些工厂需要用到大量的冷却水，一个装机容量为 100 万千瓦的发电厂的冷却水的排放量约为 30 ～ 50 立方米 / 秒；核电站的冷却水排放量则更高，能够达到 45 ～ 75 立方米 / 秒。在工业发达的美国，每天所排放的冷却水达 4.5 亿立方米，接近全国用水量的 1/3，其中含有的总热量能够达到 2 500 亿千卡（1 千卡 =4.19 千焦），足够让 2.5 亿立方米的水升高 10 摄氏度。电力行业是产生最多热污染水的行业，据统计，水体中 80% 的热量是发电厂排放的。

2.3.1.2 热污染水的危害

工厂的热污染水排放量是巨大的，因此会对水体产生较大影响。当大量未受到处理的热污染水进入水体，会在局部范围内引起水体温度快速上升，会对水质、水生生物及生态平衡造成危害。

热污染水会加速水质恶化，高温会使水中的化学反应加速，水温每升高 10 摄氏度，化学反应速率就会加快一倍，这将导致水体中的重金属离子等有害物质的毒性增强，进一步恶化水质。

热污染水进入水体后，水生生物会直接或间接地受到影响。直接影响在于，水温升高会使鱼类生长发育受阻，温度过高还会导致鱼类直接死亡。间接影响在于，水温升高会使水中的溶解氧浓度下降，水生生物会因为缺氧而死亡，像鱼类这种生物在温度过高的环境中，呼吸频率会加快，对氧气的需求量会大幅度增加，此时水中氧气含量不足，进一步加速了其死亡。

热污染水的最终影响，即最严重的影响就是破坏了生态平衡。一方面，水温升高影响了鱼类等水生生物的繁殖和生长周期，可能造成水中种群数量减少等情况，使局部水体中的生态失衡。另一方面，一些藻类会随着水温升高而过度繁殖。例如，在 20 摄氏度的水中，硅藻生长占优势，而温度升高 10 摄氏度后，绿藻的生长更茂盛，当温度升高至 35 ～ 40 摄氏度时，蓝藻更具优势。藻类种群的改变不仅会消耗水中更多的溶解氧，使其他生物缺氧，还可能会释放毒素，危害其他生物。

2.3.2　放射性污染物

在自然界中存在一些能够放射特殊射线的物质，这些射线具有很强的穿透能力，且一般会对环境和人类造成较大危害，这种物质叫作放射性物质。原子核内部释放出电磁波或带有一定动能的粒子，使核体系的能级水平降低，从而转化为结构稳定的核，称为核蜕变。在这一过程中，不稳定的原子核能自发地释放出 α、β、γ 射线，这种不稳定的原子核叫作放射性核素。放射性废水是指在工业生产的过程中产生的含有放射性核素的废水。

2.3.2.1　放射性废水的来源

工业废水中的放射性污染物主要来源于核能工业。在核能工业中，从铀矿的开采和加工、铀同位素的分离、核燃料的生产到核电站的运行及核燃料的后处理等环节，都可能产生含放射性物质的废水。例如，在核电站，冷却系统中的水在与放射性物质接触后会携带放射性核素，从而产生放射性废水。近年来，人类对核动力的研究越来越热烈，由核能工业产生的放射性废水也在急剧增加。研究表明，一个电功率为 106 千瓦的热中子反应堆核电站，经处理后将产生 15 立方米的高放射性废水。若按照废水的放射性活度计算，整个核能工业产生的所有放射性废水中 99% 都来自核燃料的后处理这一过程。核燃料的后处理过程主要是指从燃烧过的乏燃料中提取未烧尽的或新生的核燃料，再将其放回反应堆中重复使用，以及处理放射性废物的过程。根据放射性浓度的高低，可将放射性废水分为低放、中放和高放三个等级。核燃料后处理完成第一个循环后，产生的放射性废水是高放等级的，其中大部分是核裂变产物，少部分是铀和钍；第二、三个循环产生的废水是中放废水，其放射性也比较高；后处理过程也会产生低放废水，其主要是设备的冲洗水和反应堆的冷却水等，这部分废水占比较大，能够达到总废水的96%～98%。

除了核能工业外，一些非核能工业也会产生放射性废水。例如，稀土、钨、钽等矿产资源的开采和加工，这些矿石中常常伴生天然放射性核素，在选矿、冶炼等加工步骤中，放射性物质会随着工艺流程转移到废水中。此外，如果一些涉及放射性物质应用的工业废水处理不当，也会成为放射性污染物的来源，如医疗设备中放射性材料的生产等。甚至在日常生活中，某些建筑材料的使用也会提高室内辐射强度。不同行业会产生不同种类的放射性核素，形成不同的放射性污染物排放到环境中，具体如表2-1所示。

表2-1 不同放射性污染物的来源

放射性污染物	来源
含 ^{131}I、^{60}Co、^{137}Cs 等核裂变产物的废物	核反应堆、核电站、核动力舰艇
含铀、钍、镭的废水，含镭、钍、锕的废气	含核燃料矿物的开采和冶炼、核燃料加工厂
含 ^{131}I、^{32}P、^{198}Au 等放射性核素的废物	工农业、医疗、科研部门

2.3.2.2 放射性污染物的危害

工业废水中放射性污染物的危害主要是通过其释放的射线而产生的，放射性元素都会释放射线，能够对人体造成损害的射线主要有 α、β、γ 三种。人体有两种接受射线的途径，分别是内照射和外照射，内照射通过消化道或呼吸道进入人体内而产生危害，外照射从体外的环境中对人体产生作用。α 射线穿透力小，在空气中易被吸收，外照射不会对人体产生较大危害，而它的电离能力强，因此若通过饮食或呼吸进入人体形成内照射则会有较大危害。β 射线具有一定的电离能力，且它的穿透力比 α 射线强得多，外照射能够穿透皮肤角质层损伤人体组织，但其内照射产生的危害比 α 射线小。γ 射线的穿透力极强，它能穿透人体和建筑物，危害范围更大，无论是内照射还是外照射，对人体产生的危害都是巨大的。

微量的射线照射并不会对人体产生较大危害，但当辐射达到一定强度后，将对人体产生严重危害，主要症状为头晕头痛、食欲低下等神经系统或消化系统功能异常症状，进一步发展会出现白细胞和血小板减少等情况。如果人体长期受到高强度辐射，人体细胞中的 DNA 等遗传物质受到破坏，则会引发基因突变，出现癌症、白血病和遗传性疾病等恶性疾病。放射性污染物所造成的危害在有些情况下并不会立即显示出来，而是经过一段潜伏期才能被察觉，因此其危害具有程度深、隐蔽性大、持续时间久的特点。

放射性废水对水体生态环境的破坏也不容忽视。放射性物质进入水体被水生生物吸收后，会破坏它们的生理机能，影响其生长、繁殖，甚至导致其死亡，破坏整个水体的生态系统平衡。另外，水生生物体内累积的放射性核素最终都会通过食物链进入人体内，人体消化道对这些核素进行吸收，形成内照射，引起人体基因突变，进一步危害人体健康。

2.3.3　汞

2.3.3.1　含汞废水的来源

汞为一种重要的金属元素，汞及其化合物的用途十分广泛，其在化工、冶金、医药、电气、仪表制造、化妆品等领域均具有重要应用。在化工领域，汞是制造氯化汞、氧化汞、硫酸汞等化合物的主要原料。在冶金领域，常用汞与多种金属反应形成汞合金，从而达到提取金、银等金属的目的。在医药行业，一些汞的化合物具有消毒、利尿和镇痛的作用，因此常见于药品中。另外，在中医中常用汞来治疗恶疮、疥癣等疾病。在电气、仪表制造行业，汞的应用更为广泛，最常见的水银温度计中的银白色液体就是汞，除此之外，各种类型的电气开关、水银灯、日光灯，以及水银电池和原电池的制造都需要用到汞。在化妆品行业，氯化亚汞具有祛斑美白的作用，因此在这类产品中常存在汞，甚至某些商家为了更快地达到效果，而在其中添加过量的汞化合物，这会对人体产生较大危害。

汞具有以上多种用途，在以上行业的生产过程中，或制造以上产品时都会产生含有汞及其化合物的工业废水。含汞废水的来源主要有氯碱制造、冶金、化工、电气、仪表制造、造纸、油漆颜料、炸药、纺织等行业，其中在氯碱制造过程中存在水银电极电解的步骤，因此其排出的废水中，汞含量最高，能够达到 0.08 ～ 2.0 毫克 / 升。

2.3.3.2 汞的基本性质

汞，又被称作水银，呈银白色，是唯一一种在常温常压下以液态形式存在的金属。汞的熔点为 -38.87 摄氏度，沸点为 357 摄氏度，20 摄氏度下的密度为 13.546 克 / 立方厘米，它是所有液体中密度最大的。金属汞在常温下易挥发，不溶于水及任何有机溶剂。汞几乎能够与所有的金属形成合金，生成的汞合金统称汞齐。

汞的化学性质相对稳定，自然界中的汞多以游离态或硫化汞的化合态存在，硫化汞被氧化后生成游离态的汞和二氧化硫，这种汞又称为自然汞。在不同的环境中，汞的存在形式也有所不同，汞在空气中表现为气态汞；在水中表现为无机汞；在土壤中表现为有机汞。汞离子的化学性质同样较稳定，其不易被氧化，与硫可生成硫化汞，与氯可生成氯化汞和氯化亚汞。与同族元素相比，汞具有较高的氧化还原电位，通常为金属状态，并且汞及其化合物具有较大的挥发性。

2.3.3.3 汞的危害

汞、汞蒸气及汞的化合物大多是有毒的，甚至一些含有剧毒。在汞的存在形式中，有机汞的毒性最高，最常见的有机汞是甲基汞，自然环境中各种形态的汞都可能在一定条件下转化为剧毒的甲基汞。部分无机汞离子具有较高的可溶性，可溶解于淡水或地下水中。通过微生物的转化，无机汞离子也可变为甲基汞。汞进入水体后会对水生生物产生毒害作用，它能够干扰水生生物的酶系统、神经系统和生殖系统，导致水生生物出现生长缓慢、繁殖能力下降等症状。

汞在水生生物体内累积，最终通过食物链进入人体，使人体产生中毒反应。汞离子易与人体内的巯基结合，损害中枢神经系统，所以人体汞中毒后会出现头痛、头晕、四肢麻木等症状，严重者还会精神错乱、痉挛甚至死亡。此外，汞还会对人体的肾脏造成损伤，影响其正常的过滤和排泄功能，所以一些急性无机汞离子中毒者会患上局部肾炎。前面提到的日本水俣病就是含汞废水污染了河流，导致水生生物积累过量汞，人们食用水生生物后出现各种神经系统疾病。

2.3.4 油类污染物

工业废水中油类污染物主要包括石油、焦油、食用动植物油和脂肪类，这些油类物质从化学结构上讲属于芳香烃、环烷烃、链烷烃等。含油废水一般具有一定气味和颜色，易燃易氧化分解，密度小于水且难溶于水，会对人体及环境造成较大危害，因此这类废水的处理是工业废水防控的难点。

2.3.4.1 含油废水的来源

含油废水主要来源于石油工业、金属工业及食品加工工业。在石油工业中，石油的开采、生产、精炼、储存、运输等过程都会产生含油废水。

例如，石油的开采中会产生采油废水、钻井废水，其中含较多石油成分；石油的精炼过程中油品的分离、精制等环节产生的冷凝分离水、反应生成水、洗涤水、冷却水等都是含油废水。石油工业是含油废水的最主要来源。

金属工业是含油废水的另一个来源，其中金属加工和钢材制造产生的含油废水较多。在金属加工中，金属的切削、研磨、电镀等工艺过程为了润滑和冷却设备会用到大量的乳化油，这些乳化油最终进入生产废水中形成含油废水。在钢材制造中，钢锭的轧制过程需要用大量的油，热轧时需要用到润滑油和液压油；冷轧前需要用油润滑并除去铁锈；轧制时需要将乳化油用于冷却；成型后钢材表面附着着较多的油，需要将其清洗除去，所以洗涤水中也含有较高浓度的油。金属工业中的油主要用于润滑、冷却，含油废水主要是冷却水和洗涤水，且其中难以分离的乳化油占比较大。

在食品加工行业，部分食品的加工过程会用到油脂，因此清洗设备或车间产生的废水中就含有这种油脂。另外，牲畜、家禽的屠宰和清洗过程也会产生含油废水。

除了以上三种主要来源以外，含油废水也会来自交通运输行业。例如，车辆、船舶的清洗会产生含油废水，船舶的舱底油污水也是含油废水。毛纺行业在洗涤纤维时产生的废水中也含有油类物质。

2.3.4.2　含油废水的危害

含油废水是一种污染范围广且危害严重的污水，进入环境后会对生态系统、人体及景观设施产生危害。

含油废水被排放到水体后，油类物质覆盖在水体表面，根据油类物质的含量形成厚度不一的油膜。据测定，每滴石油在水面上能形成 0.25

平方米的油膜，每吨石油能覆盖 5×10^6 平方米的水面。[①]这种油膜会阻碍氧气溶入水中，导致水中溶解氧含量降低，导致鱼类因缺氧而浮头甚至窒息，导致浮游生物大量减少，从而破坏水体生态平衡。含油废水进入土壤后，土壤孔隙间同样会形成油膜，影响土壤的透气性，使空气、水分及营养物质都不能进入土壤内部，使土壤肥力下降，阻碍植物根系的呼吸和养分吸收。

含油废水进入饮用水源，不仅会导致水体污染，还会对人体健康产生威胁。石油工业排放的含油废水中含有多种有毒有害物质，如苯、酚等，这些物质通过饮水或食物链进入人体后，会影响人的神经系统、呼吸系统等，长期接触可能引发中毒、癌症等疾病。煤油、柴油、汽油等油类对皮肤黏膜具有强烈的刺激性，短时间高浓度摄入会引起严重的中枢神经障碍，严重时会导致心力衰竭。长期接触汽油会导致慢性中毒，使人出现四肢疼痛、腹泻、贫血等症状，或引起严重的视觉障碍。

含油废水还会对自然景观和公共设施造成影响。含油废水进入自然水体后，会使水体表面形成油膜，发出难闻气味，还会附着在岸边建筑、水上设施等上面，影响美观，并且油膜可能腐蚀水上设施的材料，降低其使用寿命。

部分油类及其分解产物含有多种有毒物质，如苯并芘及其他多环芳烃。当这类含油废水污染水体后，这些有毒物质会在水生生物体内富集，最终造成生物畸变。除此之外，含油废水形成的油膜也会对水体中的生物产生间接危害。对于微生物，油膜附着于细胞表面，阻碍其与外界的物质交换，抑制其生长繁殖；对于水生动物，油膜附着在体表、鳃或鳍上，对生物的呼吸、摄食产生干扰，威胁生物的生存。

---

① 韦利珠，朱凌锋.九洲江广西段石油类污染现状及防治新思路初探 [J].水利科技与经济，2007, 13（6）：423.

2.4　工业废水的处理工艺设计

2.4.1　工业废水处理工艺的选择

工业废水的类型很多，不同行业产生的废水具有较大差异，同一行业的不同企业所用原料和配比不同，同样会导致废水水质的不同。因此，若要实现对工业废水的有效处理，首先要结合行业或企业特点，针对工业废水的实际水质及水中污染物情况，选择相应的处理工艺。在选择具体的工业废水处理工艺时主要需要考虑以下四个因素：

2.4.1.1 废水特性

充分了解工业废水的水质情况，包括污染物的种类、浓度、酸碱度（pH 值）、化学需氧量（chemical oxygen demand, COD）、生化需氧量（biochemical oxygen demand, BOD）、悬浮物（suspended substance, SS）、重金属含量、有毒有害物质等指标。不同行业的工业废水水质差异极大。例如，电镀废水含有大量重金属，制药废水含有高浓度的有机物和药物残留等。针对这些特性选择能够有效去除相应污染物的工艺。

2.4.1.2 处理后废水水质

所选择的处理工艺必须确保处理后的废水能够满足国家和地方政府制定的相关排放标准，包括对各类污染物的浓度限值要求。在一些特殊地区或行业，可能还存在更为严格的排放标准，选择工艺时要充分考虑这些标准。某些行业对处理后的废水水质有特殊要求。例如，电子行业对废水中的重金属和杂质含量要求极高，制药行业对残留药物成分的去除有严格的规定。因此，工艺选择要符合这些特定行业的水质要求。

2.4.1.3 处理成本

所选择的处理工艺需要在满足要求的条件下，具有尽可能高的经济性，这包括工艺的建设成本与运行成本两个方面。建设成本方面，应综合考虑工艺所需的设备、设施、材料及工程建设等方面的投资成本。尽量选择建设成本较低的工艺，避免过度投资。同时，要考虑设备的使用寿命和维护成本，确保长期运行的经济性。运行成本包括能源消耗、药剂使用、设备维护、污泥处理等方面的运行费用。一些物理处理工艺的运行成本相对较低，但对某些污染物的去除效果可能有限；而一些高级氧化等化学处理工艺虽然处理效果好，但运行成本较高。因此，需要根据实际情况综合权衡，选择运行费用低廉的工艺。

2.4.1.4 对环境的影响

所选择的处理工艺应对环境友好，优先选择能源消耗低、水资源利用率高的工艺，以减少能源和水资源的浪费。另外，在工艺选择过程中，还要考虑处理过程中是否会产生新的污染物或废弃物，如污泥、废气、噪声等，避免使用会对环境产生二次污染的处理工艺。

考虑以上因素后，针对实际问题设计具体的处理工艺流程。图 2-2 表示含有机物废水和含重金属废水处理工艺设计的基本流程。

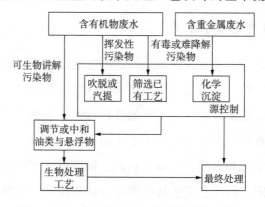

图 2-2　工业废水处理工艺设计的基本流程

图 2-2 中，对于含有挥发性污染物的废水，可以采用吹脱或汽提的方式进行处理；对于含有重金属的废水，可以用化学沉淀方法去除；但对于含有有毒或难降解污染物的废水，其处理工艺则需要在已有工艺中选取。

2.4.2 工业废水处理方案的设计

工业废水处理方案是指处理的全流程，在明确设计原则的前提下，首先需要明确处理工艺的概况及水质水量等基本情况；其次选择处理工艺、设计工艺流程、确定设备选型与配置；最后估算整个方案的投资费用。

2.4.2.1 工业废水处理方案的设计原则

工业废水处理方案的设计主要由废水特征和要求的处理效果决定，同时应考虑当地的环境、方案的有效性与经济性、设备的运行与维修等因素，因此工业废水处理方案的设计原则有以下四个：

1. 结合废水特征原则

处理方案的设计应密切结合来水的水质水量等特征及出水的水质标准，以选择处理形式和设计参数。同时，需保证处理方案具有较大的灵活性和可调整性，以适应废水在一定范围内的变化。

2. 考虑当地环境原则

当地的地形、气候等条件都对处理方案的设计有所影响，因此在设计时应充分考虑当地的环境因素。并且，在工程设计时，应充分结合现有场地，保证整体布局紧凑简洁。

3. 方案的有效性与经济性原则

有效性是指设计的方案应保证能够对废水实现有效处理，处理后的废水能够达到相关标准。经济性是指方案的建设成本、运行成本及后续的维修成本应尽可能低，其中的材料与设备应具有低能耗、高效率、高性价比的优点。

4. 设备运行可靠、便于维修原则

方案中的控制设备应尽量自控，其他设备也应易于操作、管理与维修，以减少运行操作，提高管理水平。

2.4.2.2 废水的基本情况

在明确设计原则后，需要从整体上掌握废水的基本情况，包括其来源、水质水量等信息。废水来源是选择处理工艺需要考虑的主要因素，因此明确废水来源是重要内容。废水的水质包括废水的成分、污染物浓度、酸碱度及 COD、BOD 和 SS 等指标，水量主要包括单位时间的排放量等。对于一些水质水量变化较大的废水，处理工艺应具有更高的耐冲击负荷能力。

2.4.2.3 整体工艺设计

整体工艺设计包括选择处理工艺、设计工艺流程，以及确定设备选型与配置。处理工艺的选择需要以废水的特征与处理目标为依据，如 2.4.1 节中的内容。根据选择的处理工艺设计工艺流程，包括详细设计各处理单元的顺序及连接方式。确定设备选型与配置是指确定处理工艺中所需设备的型号与数量，需具体到各处理设备的结构与尺寸、电气控制设备的结构与型号、各管道及阀门的型号与安装。最后将全部设备按照流程布置在平面上并进行调整。

2.4.2.4 成本估算

整体处理方案的成本包括建筑成本和设备成本，主要涵盖设备购置、安装、运行、维护等费用。

2.4.3 工业废水处理方案的优化

对于已经完成设计但处理效果不理想、经济性不高的方案，可以采取措施对其进行优化，措施包括实施可行性实验、确定最佳工艺条件、多方案比较、改变处理材料和设备。

2.4.3.1 实施可行性实验

对于不同种类的工业废水应制订不同的处理方案，但是如果在没有确定方案的处理效果之前就将整个方案流程设计出来，可能会造成较大浪费。对于这种情况，可以在设计之前开展可行性实验。可行性实验实际就是将处理方案缩小，缩小后的方案依然能够完成原有功能。通过这种小型的方案，可以以更低的经济消耗，快速验证所设计方案的可行性，并能够得到工艺设计必需的参数，预见工程实施时的技术难点，预估方案实施后的效果。如果实验结果表明处理效果不佳，还可以及时调整方案，以避免更大的经济损失。

2.4.3.2 确定最佳工艺条件

通过可行性实验结果确定最终的处理方案后，还需要对工艺条件进行研究并确定其最佳状态。常用的最佳工艺条件确定方法有正交实验法和单因素法，由此得到的最佳工艺条件需要经过再次实验，以确定其为最佳工艺条件。

2.4.3.3 多方案比较

随着社会对工业废水重视程度的加深，很多有关工业废水处理的新技术、新方案、新材料及新设备出现了。在处理方案的设计过程中，可以设计多种方案，然后对其处理效果、经济性进行比较，选择其中的最优方案。这样得到的最优方案不仅能够保证较好的处理效果，还可能得到更好的经济效益、社会效益和环境效益。

2.4.3.4 改变处理材料和设备

材料与设备同样需要通过比较确定。工业废水处理工艺中需要用到的材料主要为药剂，包括混凝剂、氧化剂、还原剂、沉淀剂等，不同的处理工艺选择的药剂不同，每种工艺可选的对应药剂也有很多种。结合实际情况，选择有效性和经济性最高的药剂对于优化处理方案十分有效。若药剂相同，根据确定的处理工艺选择处理设备，但对于不同浓度或浓度范围的废水，即便选择了同种设备，其设置的参数也应有所不同。

2.5 可持续发展对工业废水处理技术的要求

工业废水的处理是实现可持续发展的重要内容，虽然近年来工业废水的排放总量在逐年减少，但是其引起的环境污染问题依然严重。对于工业废水还是需要从技术层面出发，降低其有毒有害程度，减少其中存在的有毒有害物质，只有这样才能从根本上改善工业废水对环境造成的污染，实现工业乃至全产业、全社会的可持续发展。从可持续发展角度来看，工业废水的处理技术应在环境、社会和经济等多个维度达到相应标准。

在环境方面，废水处理技术应有更高的污染物去除效率，以实现各类污染物的有效去除，包括各类有机污染物，如难降解的持久性有机污染物，以及重金属，防止其在水体和土壤中累积。同时，要尽量避免或尽可能减少处理过程中的二次污染。例如，在污泥处置环节避免污泥渗出液的污染，在消毒环节防止产生有害消毒副产物。如果不能避免二次污染物的产生，那么需要对这些污染物制定有效的处理方案，不使其随便进入环境中。更重要的一点在于，废水处理技术应更加注重资源的合理利用和循环再生，通过废水处理与资源化利用相结合的方式，可以实现废水处理与资源回收的良性循环，这不仅有助于缓解水资源短缺问题，还能够促进区域水资源的可持续利用。

从社会层面看，废水处理技术要保障公众健康和安全，严格控制处理后出水的水质，确保其符合或高于相应的国家、地方标准后再排入水体中，避免其对周边居民的用水安全造成威胁。另外，废水处理技术的应用需要考虑周边居民的接受程度，在处理废水过程中应避免产生异味、噪声等影响居民生活的现象，保证公众的健康与安全。

在经济领域，废水处理技术需要具备成本效益。一方面要降低建设成本。例如，开发更紧凑、高效的处理设备，减少占地面积，降低基础设施建设投入。另一方面要减少运行、维护成本，包括降低能耗。例如，采用节能型的曝气设备或水泵；减少药剂使用量，通过精准投药系统提高药剂利用效率；通过污泥等副产物的资源化利用来降低处置成本，比如，将污泥转化为建筑材料或肥料等。

工业废水的处理与可持续发展之间具有十分密切的联系，可以说工业废水的有效处理是实现可持续发展的重要途径之一。通过有效的处理技术对废水进行净化，可以改善环境质量、维持生态平衡，还能支持经济发展和社会稳定，这都为可持续发展的实现提供了坚实基础。

在废水处理技术的未来发展中，其势必会与人工智能等新兴技术结合起来，在处理过程优化、设备故障诊断、设备运行管理等多方面发挥作用。将传感器技术、大数据分析等技术应用于废水处理中，可以实现对废水处理全过程的智能化监控和管理，可以有效提高处理效率并降低成本。另外，人工智能在寻找最优处理技术、药剂方面能够发挥巨大作用，通过对已有技术的分析与模拟，可以找到其中的不足并优化以得到更加高效的方法；通过对药剂的优化，可以减少其使用量，以降低对环境的影响。总体来说，人工智能的加入为工业废水处理的可持续发展提供了新思路。

第 3 章　可持续发展背景下工业废水的物理处理技术与优化

3.1　吸附技术

吸附技术是工业废水处理中较早且有效的方法之一，直至现在仍十分常用。该技术主要利用某些多孔物质（吸附剂）的吸附性，将废水中的一种或几种污染物吸附在其中，从而将污染物从废水中分离去除，达到废水净化的目的。根据吸附剂的吸附原理不同，可将吸附技术分为物理吸附技术与化学吸附技术。物理吸附技术是依靠吸附剂与吸附质的分子间作用力实现的，这一过程是可逆的；化学吸附技术是由吸附剂与吸附质之间发生的化学反应实现的，具有选择性且不可逆。本节主要介绍物理吸附技术的内容。

3.1.1　吸附剂的种类与选择

吸附剂的选择是吸附技术的重要环节，也是决定吸附效果的重要因素。吸附剂的种类有很多，常用的有活性炭、活性氧化铝、沸石等，这些材料都具有较大的比表面积、适宜的孔结构及表面结构，因此能有效吸附废水中的污染物。其中活性炭的吸附性能最好，其能去除废水中的有机物、色度、异味等。活性炭也是最早被应用的吸附剂，其缺点在于价格较高。

对于不同种类的工业废水，应选择不同的吸附剂，因为每种吸附剂都有其最佳吸附效果的污染物。几种常见的吸附剂及其适用污染物如表3-1所示。

表3-1 常见吸附剂及其适用污染物

吸附剂	适用污染物
活性炭	有机物（如酚、苯、石油类等）、色度、异味、部分重金属（汞）
活性氧化铝	氟化物、磷酸盐、砷酸盐等阴离子污染物
沸石	氨氮、硝酸盐、重金属离子（铅、镉、铜等）、部分有机物
硅藻土	悬浮颗粒、部分重金属离子、有机物

在使用时，应根据废水中污染物的实际情况来选择吸附剂，需要考虑的主要因素有污染物种类、浓度、酸碱度等。所选择的吸附剂必须具有高吸附能力、良好的稳定性、适当的孔隙结构、较好的再生性。此外，吸附剂与吸附质之间还应具有良好的相容性。同时，吸附剂的选择需要考虑成本和对环境的影响，在保证吸附效果的前提下，选择成本较低的吸附剂可以提高废水处理的经济效益。选择的吸附剂必须具有环境友好性，以保证不会对环境造成污染，并且最好在处理过程中能够实现有用资源的回收。

3.1.2 影响吸附效果的因素

影响吸附效果的因素主要有内因和外因两个方面，内因主要是指吸附剂与吸附质的物理化学性质，外因主要是指操作时的环境条件。

3.1.2.1 吸附剂性质

对于物理吸附技术来说，吸附是一种表面作用，因此吸附剂的比表面积与孔隙结构是影响吸附效果的主要因素。吸附剂的比表面积与粒径呈负相关，粒径越小，比表面积越大，吸附位点就越多，吸附能力越强，对污染物的吸附效果越好。吸附剂的孔隙结构主要是指内孔的大小与分布，孔隙并非越大越好或越小越好，而是应该与污染物分子的大小相匹配，过大则比表面积小导致吸附能力降低，过小则污染物分子难以进入，不利于吸附质的扩散。

3.1.2.2 吸附质性质

能够影响吸附效果的吸附质性质主要有溶解度、极性、浓度及分子大小。一般来说，吸附质的溶解度越小，越容易被吸附，也越不容易解吸。极性与溶解度相同，极性越弱越容易被吸附。吸附质的浓度越高，在一定范围内吸附量会越高，但达到吸附剂的饱和状态之后，吸附效果将明显下降。吸附质的分子大小对吸附速率有明显影响，吸附质的分子体积越小，其扩散系数越大，相应的吸附速率越高。另外，吸附质的分子大小适中有利于与吸附剂表面发生相互作用，对于这样的吸附质，吸附效果更好。

3.1.2.3 环境条件

影响吸附效果的环境条件主要有废水的 pH 值、操作环境的温度、吸附剂与吸附质的接触时间、共存物质四种因素。

1.废水的 pH 值

pH 值会影响吸附剂表面的电荷性质和其他化学性质，也会改变吸附质的存在形态、溶解度、离解度等，进而影响吸附效果。例如，某些金属氧化物吸附剂在不同 pH 值下表面电荷不同，从而对金属离子的吸附能力也不同；活性炭在酸性溶液中对有机物的吸附量要远大于在碱性溶液中的。

2.操作环境的温度

吸附过程通常都是放热过程，尤其是物理吸附，因此操作环境的温度越低，吸附量越多，反之温度升高则吸附量减少。对于可再生的物理吸附剂来说，加热会导致其解吸，因此吸附时的温度不宜过高。一般来说，工业废水的处理都是在常温下进行的，因此温度对吸附效果的影响并不十分明显。

3.吸附剂与吸附质的接触时间

只有吸附剂与吸附质的接触时间足够，才能使吸附达到平衡状态，才能使吸附剂的吸附能力得到充分利用。如果接触时间过短，吸附不完全，会影响吸附效果，也会造成吸附剂的浪费。吸附平衡所需的时间由吸附速率决定，速率越快，时间越短。

4.共存物质

一种物理吸附剂往往对多种吸附质有吸附效果，当废水中存在多种吸附质时，吸附剂会同时吸附这些物质，这会导致对目标吸附质的吸附效果降低。通俗来讲，多种吸附质会竞争吸附剂的位点，导致真正需要被吸附的物质没有足够的位点，而使得吸附效果不佳。共存物质的种类越多、浓度越高，吸附效果越差。对于这种情况，应在吸附开始之前，采取相应的预处理手段将其中的共存物质去除，以保证吸附不受干扰。

3.1.3 吸附技术的应用场景

吸附技术几乎可以处理各种类型的污染物，包括溶解性和不溶性的物质，像有机物、重金属、悬浮物污染物，甚至可以去除色度、异味。吸附技术不仅适用范围广泛，处理效果也比较理想。吸附技术对于以上多种污染物都有良好的去除效果，能够将废水中的这些污染物浓度降到很低的水平，使其满足严格的排放标准。吸附技术也可作为二级处理后的深度处理手段，进一步去除水中残留的微量污染物，提高出水水质。因此，在一些对水质要求较高的场合，吸附技术能够发挥重要作用。吸附技术对于废水的水质要求不高，能适应不同的水质条件，如不同的酸碱度、温度、盐度等。对于成分复杂、浓度和水量多变的废水，根据实际情况对吸附技术进行优化和调整，同样可以达到较好的处理效果。吸附技术的另一大优点在于操作简便，无论是工艺还是运行都比较简单稳定。吸附处理装置的结构相对简单，操作流程不复杂，因此不需要复杂的设备和控制系统。吸附过程受外界因素的干扰较小，一旦系统稳定运行，就能保持较为稳定的处理效果，不易出现因操作条件波动而导致的处理效果下降的情况。

以上工艺特点使得吸附技术得到了广泛应用，吸附技术适用于印染、电镀、制药、石油化工等多个工业领域的废水处理。在印染废水的处理中，吸附技术能够用于去除染料等有机污染物和色度；通过活性炭等吸附剂可以有效净化废水，减少对水体的颜色污染。在电镀行业，利用吸附技术能够去除重金属离子，如铬、镍、铜等；利用离子交换树脂等吸附剂可以对电镀废水中的重金属进行回收处理，降低水中重金属含量，使其达到排放标准。对于制药废水，其中的难降解有机物、抗生素等污染物可以利用吸附技术去除。一些新型吸附材料能针对性地吸附制药废水中的有害物质，减轻后续处理的负担。在石油化工废水处理中，通过吸附技术去除石油类有机物、酚类物质，避免这些有害物质进入水体，保护生态环境。

通过吸附技术处理的废水还可以实现资源回收和重复利用。许多吸附剂在达到饱和吸附后，可以通过一定的方法再生，恢复其吸附能力，从而实现重复利用，降低处理成本。一些有价值的污染物，如贵金属离子等，在被吸附后通过特定的解吸方法进行回收，可以实现资源的再利用，具有一定的经济效益。另外，吸附技术是一种环境友好型的处理方法，吸附过程本身不产生新的污染物或副产物，不会对环境造成二次污染。吸附剂饱和后，通过合理的处理方式，也不会对环境产生不良影响。与一些需要消耗大量药剂或能量的处理技术相比，吸附技术的能耗相对较低，运行成本也较为经济。总体来说，吸附技术是一种处理效果较好、经济性较高且不会产生二次污染的方法，在工业废水的处理中占据重要地位。

3.2　过滤技术

过滤技术是利用过滤材料将废水中杂质分离出来的处理方法，本质上是一种机械阻挡方式。过滤技术处理废水的基本过程为让废水通过某些具有孔隙的过滤材料，使废水中的杂质留在过滤材料表面或内部，实现废水净化的目的。过滤技术的主要作用对象是废水中存在的悬浮物等固体污染物。

3.2.1　过滤材料

过滤技术的处理效果主要取决于过滤材料，选择适宜的过滤材料是成功进行废水处理的关键因素。常见的过滤材料有石英砂、活性炭、陶粒、离子交换树脂、海绵、滤网等。根据材料对污染物的过滤机理不同，可将过滤材料分为颗粒过滤材料和多孔过滤材料。

颗粒过滤材料是通过颗粒与颗粒间形成的空隙对废水中悬浮物进行去除的，石英砂、陶粒、无烟煤等都属于颗粒过滤材料。在实际应用中，颗粒过滤材料的粒径不宜过小，否则悬浮物浓度较高时容易出现堵塞现象。通常情况下，可选取直径为 0.5 ～ 2.0 毫米的石英砂作为过滤材料。这种过滤材料的机械强度较高，受到一定的冲击时也能保持良好的过滤性能，且这种过滤材料来源广泛，因此成本很低。但这种过滤材料不耐腐蚀，在污染物浓度较高的废水中容易因腐蚀而失去过滤能力。

因此在选用前需要对其进行耐蚀性检测。对于污染程度较高或对出水水质要求较高的废水，可以通过上向流或设置多层过滤材料来达到较好的过滤效果。多孔过滤材料上通常分布着较多孔隙，这些孔隙能够对废水中的悬浮物起到过滤作用。常用的多孔过滤材料包括滤布、滤网等编织材料，多孔陶瓷、多孔性塑料管等多孔性固体，以及微孔滤膜和超滤膜等高分子多孔膜。

每种过滤材料都有其适用场景与优势。对于石英砂，它是天然的石英矿石经过破碎、水洗、烘干等一系列步骤而形成的，仅对粒径较大的悬浮物有较好的处理效果，因此常被用于废水的预处理阶段，从而为后续的深度处理减轻了负担。活性炭则主要用于吸附有机污染物，而陶粒具有一定的耐腐蚀性，因此常被用于一些特殊工业废水的处理过程中。若将滤网作为过滤材料，则可以根据杂质的大小来选择相应孔径的滤网，这种方法更适合用于去除纤维类的杂质或较大的固体污染物。在实际使用时，应根据具体的废水类型和性质选择最佳的过滤材料，以达到更好的处理效果。

3.2.2　过滤器

过滤技术中的设备主要是过滤器，它是废水中杂质过滤的发生场所。过滤器的种类有很多，如果按照过滤材料分类，可将其分为颗粒材料过滤器、丝网过滤器、多孔材料过滤器及膜过滤器。颗粒材料过滤器主要是指将石英砂作为过滤材料的石英砂过滤器；丝网过滤器包括纤维球过滤器和滤网过滤器；多孔材料过滤器是指聚乙烯（polyethylene,PE）微孔过滤机；膜过滤器则是指将膜作为过滤材料的过滤器。若按过滤的动力分类，可将过滤器分为重力式过滤器、压力式过滤器及真空式过滤器三种。重力式过滤器是让废水依靠自身的重力穿过过滤材料的装置，如快速滤池；压力式过滤器是让废水在外加压力的作用下穿过过滤材料的装置，膜过滤器就是一种压力式过滤器；真空式过滤器中的废水会受到过滤材料另一侧的吸力，从而穿过过滤材料。同样地，对于不同类型的过滤器，适用的污染物不同，适用场景也不相同。例如，压力式过滤器适用于一些大颗粒污染物的处理，膜过滤器则可以实现对细微颗粒及溶解性污染物的处理。在过滤器的使用过程中，需要定期对其进行清洗和维护，以保证过滤器的正常工作和良好的过滤效果。下面将着重介绍四种过滤器。

3.2.2.1 上向流滤池

废水从滤池底部进入，在水泵或重力等作用下自下而上流动，通过滤料层时，水中的悬浮物、胶体颗粒等杂质被过滤材料截留、吸附，清水则向上穿过滤层进入清水区，最终通过出水管排出。滤池中存在多层过滤材料，一般上层与中间层过滤材料的粒径较小，下层过滤材料粒径较大。各层过滤材料的粒径与厚度如表3-2所示。

表3-2　上向流滤池各层过滤材料的粒径与厚度　　单位：mm

过滤材料状态	承托层	上层	中层	下层
粒径	30～40	1～2	2～3	10～16
厚度	100	1 500	300	250

上向流滤池的工艺特点主要有以下四点：

1. 过滤效果好

废水进入滤池后依次通过粗砂层和两层细砂层，过滤材料的过滤作用能够充分发挥出来，使其具有良好的过滤效果。

2. 水头损失逐渐增加

随着过滤的进行，滤料层中截留的杂质不断增多，水流通过滤料层的阻力增大，从而导致水头损失逐渐增加。

3. 过滤速度有限

过滤速度不能过快，否则会导致杂质穿透滤料层，影响过滤效果。

不同类型的滤池和过滤材料有相应的过滤速度范围，如普通滤池的过滤速度一般为 8 ～ 12 米 / 时。

4. 过滤材料需定期反冲洗

经过一段时间的过滤，过滤材料表面和孔隙内会积累大量杂质，使过滤效果下降，因此需定期反冲洗，以去除截留的杂质，恢复过滤材料的过滤性能。反冲洗的频率和强度取决于滤池的进水水质、过滤材料特性和过滤速度等因素。

3.2.2.2 多层滤料滤池

多层滤料滤池的滤料层通常分为两层或三层，常见的组合有上层无烟煤、中层石英砂、下层磁铁矿等。过滤时，污水从滤池上部进入，在重力作用下自上而下流经滤料层。由于过滤材料粒径从上到下逐渐变小，孔隙也逐渐变小，水中的悬浮物、胶体颗粒等杂质先被上层过滤材料截留、吸附一部分，随着水流继续向下，更小的杂质被中层和下层过滤材料进一步去除，从而使水得到净化。

这种多层滤料滤池具有良好的过滤效果和截污能力。多层滤料形成了更加合理的级配，能够有效去除水中的各种杂质，包括悬浮物、胶体颗粒、部分有机物等，使过滤后水的水质更好，浊度更低，可满足更高的水质要求。不同粒径和密度的过滤材料组合，增加了滤料层的截污容量，延长了过滤周期，减少了反冲洗的频率，提高了滤池的运行效率和产水量，降低了运行成本。由于其截污能力强，在保证过滤效果的前提下，可以采用较高的过滤速度，一般可达 15 ～ 30 米 / 时，甚至更高，从而减小了滤池的占地面积，节省了建设投资。

多层滤料滤池的结构和配水系统相对复杂，建设和安装难度较大，对施工质量和运行管理要求较高，需要专业技术人员进行操作和维护，以确保滤池的正常运行.

3.2.2.3 纤维过滤器

纤维过滤器的过滤材料一般由纤维丝编织或缠绕而成，形成三维立体网状结构，具有众多微小孔隙。当水流经过时，水中粒径大于孔径的悬浮物、胶体颗粒等杂质会被直接拦截在纤维表面或孔隙中。纤维表面较为粗糙，存在大量吸附位点，通过分子间作用力、静电引力等，可将水中微小颗粒牢固吸附，如细菌等微生物，这可进一步提高过滤效果。水流在纤维间穿梭会形成紊流，促使颗粒间相互碰撞凝聚，形成较大絮体，使其更易被去除，从而提升过滤效率。

作为一种新型的快滤器，纤维过滤器的工艺特点：第一，过滤精度高，该种过滤器能有效去除水中的悬浮物、大分子有机物、胶体颗粒、病毒、细菌等杂质，对水体中悬浮物的去除率最高可达 98%。第二，过滤速度快，过滤材料的特殊结构使其孔隙率高，比表面积大，这在保证过滤效果的同时，可显著提高过滤速度，其过滤速度一般为普通砂过滤器的 3 ~ 4 倍。第三，纳污量大，其结构为杂质提供了更多的截留空间和吸附位点，纳污量一般为 15 ~ 35 千克／立方米，是普通砂过滤器的 4 倍以上。第四，占地面积小，制取相同水量时，占地面积仅为普通砂过滤器的 1/3 以下，可有效节省空间。第五，可调性强，过滤精度、截污容量、过滤阻力等参数可根据实际需要进行调节，以更好地满足不同的过滤要求。第六，过滤材料经久耐用，高分子纤维过滤材料机械强度高，使用寿命长，通常可达 10 年以上，且操作简单、维护方便。

3.2.2.4 膜过滤器

膜过滤器是通过在选择性透过膜两侧施加一定推力，使废水中某一污染物分离出来的设备，这种推力可以是废水的压力差、浓度差、电位差、温度差等。制造这种推力的方法有两种，一是施加外界能量，二是依靠废水本身。根据推力的不同，可将膜过滤分为微滤、超滤、纳滤和反渗透过滤。不同膜过滤的过滤膜、作用污染物与特性都有所不同，如表3-3所示。

表3-3　几种膜过滤的主要区别

膜过滤	过滤膜	操作压力（兆帕）	作用污染物	特性
微滤	0.02～10微米的对称多孔膜	0.01～0.2	悬浮物、细菌、大胶体颗粒	通量较大，能有效截留微米级颗粒
超滤	0.001～0.1微米的不对称多孔膜	0.01～0.5	大分子有机物、胶体颗粒、细菌	对大分子有较好的截留效果，可常温下进行，能耗低
纳滤	1～50纳米的对称复合膜	0.5～2.5	部分盐类、小分子有机物	可选择性截留不同价态离子
反渗透过滤	小于1纳米的不对称复合膜	1.0～10	几乎可去除所有可溶性污染物	截留率很高、能耗高、水的回收率较低

1.微滤、超滤、纳滤

微滤、超滤与纳滤都利用压力差使污染物透过膜，从而实现对污染物的去除，这三种过滤最大的区别在于膜孔径的大小。在膜过滤器中，废水与小于滤膜孔径的颗粒会在一定压力差的作用下流过滤膜，而较大的固体颗粒则会被截留下来，实现对大分子有机物的过滤去除。其中微滤膜的孔径最大，因此只能截留较大的固体颗粒；超滤膜孔径小于微滤膜孔径，截留污染物的范围也略大于微滤膜截留污染物的范围；纳滤膜的孔径最小，因此能够截留更多粒径的污染物颗粒。

2.反渗透过滤

反渗透过滤与前三种膜过滤的作用原理略有不同，其利用压力差使颗粒出现反向渗透。在反渗透过滤器中，未施加外压力之前，溶剂及较小的污染物颗粒会在渗透压的作用下向浓度较高的膜一侧流动，向这侧废水施加一个大于渗透压的外压力，在这个压力的作用下，溶剂与较小颗粒会出现反向流动，而较大颗粒被反渗透膜截留下来，从而实现对其分离去除。反渗透膜的材料包括纤维素脂类膜和非纤维素脂类膜两类，其孔径一般小于 1 纳米。

3. 过滤膜材料

目前过滤膜以高分子聚合物膜为主，还包括无机分离膜。高分子聚合物膜材料为纤维素类、聚酯类、聚酰胺类等，无机分离膜材料为陶瓷、玻璃、金属等。

根据材料特性，可将过滤膜分为对称膜和非对称膜两类。对称膜又称为均质膜，其两侧截面结构和形态完全相同，膜过滤中常用对称结构多孔膜。非对称膜两侧截面结构和形态不相同，纵向上主要由两层结构构成，一层为致密皮层，厚度为 0.1 ～ 0.5 微米；另一层为多孔的支撑层，厚度为 50 ～ 150 微米。支撑层的存在使非对称膜具有一定的强度，即使在较高的压力下也可保证其不会发生严重形变。

3.2.3 过滤技术的应用场景

过滤技术的原理相对简单，操作流程不复杂，易于理解和操作，并且过滤设备的运行和维护也相对简单，除了定期更换过滤材料、清洗过滤器之外，不需要投入大量的人力、物力，因此运营成本较低。过滤技术具有良好的固液分离效果，对于废水中的固体颗粒能够实现高效的分离。这些优点使过滤技术能应用于各阶段的废水处理工作。在预处理阶段，应用过滤技术可以去除废水中大颗粒悬浮物、分离纤维类杂质；在深度处理阶段，通过过滤技术可以去除胶体颗粒和微小颗粒。

过滤技术的应用领域十分多样，其被广泛应用于制药、化工、印染等工业领域。在制药行业，利用过滤技术可以去除药物生产废水中的药渣、微生物和不溶性杂质。药物生产过程中会产生复杂成分的废水，过滤技术有助于去除其中的悬浮物，为后续的生物处理或化学处理创造良好的条件，确保废水处理后的水质符合排放标准。在化工行业，过滤技术可处理化工废水中的催化剂微粒、反应副产物等固体杂质。化工废水往往含有各种化学物质，通过过滤初步净化废水，有助于防止这些化学物质对后续处理过程的干扰。例如，避免对生物处理单元中的微生物产生毒害作用。在印染行业，过滤技术主要用于拦截印染废水中的染料颗粒、未溶解的染料、助剂等。由于印染废水颜色深、成分复杂，过滤处理可以有效减少废水中的悬浮物和部分染料，降低废水的色度和污染负荷，是印染废水预处理的重要环节。

但是就目前的过滤技术来说依旧存在一定不足。首先，对过滤材料需要进行定期更换，在使用一段时间后，过滤材料表面会累积大量的杂质和污染物，导致过滤阻力增加，过滤效率降低。为了保证其正常运行必须定期更换过滤材料，但这会产生一定的废弃物，增加处理成本，还可能对环境造成二次污染。其次，过滤技术对溶解性污染物的去除效果有限，过滤技术主要去除的是固体污染物，对于溶解在废水中的污染物，如重金属离子、有机物等分离效果不佳。所以通常会将过滤技术与其他技术相结合，比如，与吸附技术相结合，以达到更好的处理效果。最后，过滤设备的自动化程度相对较低，这不仅增加了一部分人员成本，也可能由于操作失误而影响废水的处理效果。

近年来，由于对废水的处理要求逐渐提高，很多新型的过滤技术出现了，这些技术既能够提高废水处理的经济性，也能够提升过滤效果。动态砂过滤技术就是一种新型的过滤技术，是由传统的石英砂过滤器改良而来的。在传统的石英砂过滤器中，石英砂在过滤杂质的同时会吸附部分杂质，使用一段时间后过滤效果就会明显下降。基于这个问题，动态砂过滤技术让石英砂在水流的作用下流动起来，借助它们之间的碰撞作用和水流作用将石英砂上附着的杂质去除，这避免了过滤器失效的问题，降低了更换石英砂的成本。膜过滤是废水处理中比较常见的方法，具有比较优秀的过滤效果，但这种方法的成本较高，过滤膜失效后的再生过程也比较复杂。对此提出的一种改性膜过滤技术能够有效解决这两个问题，该技术将原本的过滤膜更换为精细度更高的纳膜、超滤膜等，这种做法不仅提高了杂质的去除效果，还扩大了膜过滤的应用范围，粒径更小的杂质也能够被过滤。此外，这种改性的膜过滤技术针对过滤膜建立了一套过滤再生的循环过程，实现了过滤膜的再生，使其能够得到循环应用，大大降低了膜过滤的成本。

3.3　离心分离技术

离心分离技术是利用离心力将废水中的杂质分离出来的方法。该技术的工作原理是将废水置于高速旋转的装置内，废水及其中的杂质在高速旋转下会产生离心力，由于杂质与水的密度不同，离心力会将密度较大的杂质甩向外侧，而密度较小的水则留在内侧，实现了水与杂质的分离。

3.3.1　离心分离设备

离心分离设备主要是指离心机，废水在离心机中以一定的速度旋转时，其中的附体颗粒会受到离心力的作用，离心力的大小可表示为

$$F = m\omega^2 r \qquad\qquad (3-1)$$

式中：m 为颗粒质量，千克；ω 为旋转的角速度，转 / 分；r 为旋转半径，米。

由式（3-1）可知，离心力大小主要取决于质量、角速度和旋转半径，当质量与旋转半径固定时，角速度是改变离心力的主要因素。因此，离心机的种类是依据转速而定的，可将其分为低速离心机、高速离心机及超速离心机。低速离心机又称为常速离心机，转速一般不大于

6 000 转 / 分。由于低速离心机转速较低,产生的离心力相对较小,只能通过增大颗粒质量获得较大的离心力,所以更适用于分离较大颗粒和处理中等浓度的废水。高速离心机的转速一般为 10 000 ~ 25 000 转 /分,产生的离心力足够大,所以能够处理附着小颗粒且浓度低的废水。超速离心机的转速为 25 000 ~ 80 000 转 / 分,具有极强的分离能力,常用于分离病毒、核酸、蛋白质等生物大分子。

除了离心力外,固体颗粒还会受到废水对颗粒的向心推力,那么此时固体颗粒受到的横向合力即为两力之差,即

$$F' = (m - m')\omega^2 r \tag{3-2}$$

式中: m' 为同体积废水的质量,千克。

固体颗粒在水中受到的径向合力为重力与浮力之差,可表示为

$$G = (m - m')g \tag{3-3}$$

用横向合力比上径向合力得到

$$\frac{F'}{G} = \frac{\omega^2 r}{g} \tag{3-4}$$

该比值表示离心机的分离效果,比值越大,表示颗粒受到的横向合力与径向合力的差值越大,则越容易被离心,因此离心效果越好;反之离心效果不好。适当地提高转速或增加半径可以增强分离效果,但可能会导致成本增加。

3.3.2　离心分离技术的应用场景

离心分离技术可以应用于废水处理的各个阶段,也可以应用于不同类型的废水处理,该技术的应用主要在于初级固液分离、水油分离、浓缩污泥及资源回收。

3.3.2.1　初级固液分离

初级固液分离是废水处理中最基本也是最重要的一个步骤,它是指

将废水中的固体污染物与液体分离开来。在许多工业行业产生的废水中，含有大量的固体颗粒，利用离心分离技术能够有效地将其从废水中分离出来。例如，在矿石开采行业和选矿的过程中，会产生大量的矿浆废水，其中含有矿石颗粒和泥沙等悬浮物，通过离心分离技术可以实现初步的固液分离，并能提高矿石的回收率。在化工领域，化工生产过程中产生的冷却水或洗涤水中可能含有未反应的原料、催化剂、杂质等固体颗粒，通过离心分离技术将其分离出来可以降低后续处理的成本与难度。在食品加工领域，食品的加工过程中会产生含有食物残渣、淀粉、蛋白质等杂质的废水，利用高速离心机可以将其有效去除，实现废水的初步净化。

初级固液分离是对含固体杂质废水的基本处理，这一过程不仅改善了废水的外观，更重要的是为废水的后续处理奠定了基础，降低了后续处理的难度与成本，提高了废水处理的整体效率。

3.3.2.2 水油分离

含油废水的处理是工业废水处理中的一大重点，其中的关键步骤就是将废水与油类物质分离，即水油分离。在石油化工行业中，石油的开采、精炼与加工过程中都会排出大量的含油废水，这些油类物质会对环境造成严重危害。将这种含油废水置于离心机中，由于油的密度小于水，所以在离心力的作用下油会浮在水的表面，有效地实现水油分离。水油分离可以减少废水对环境的污染并能够回收有用的油类资源。

3.3.2.3 浓缩污泥

污泥可以看作一种特殊的工业废水，其中含有大部分泥沙和小部分水分，还可能含有有机污染物和重金属离子，对环境有着巨大的破坏性。污泥体积往往很大，运输、处理都不方便，因此需要对其进行浓缩，以减小其体积，便于后续处理。离心分离技术可以很好地实现这个目标，利用该技术将污泥中的水分分离出来，污泥的体积和质量将大大减小，这不仅便于后续的运输、处理，还能降低成本。

3.3.2.4 资源回收

资源回收是废水处理的主要发展方向，也是实现工业可持续发展的重要途径。废水处理的最终目的已经不是将废水中的污染物去除，而是将分离出来的污染物收集起来，实现资源的回收和再利用。废水中存在的重金属及有机化合物等都可以进行回收利用，将这些物质收集起来的有效方法就是离心分离技术。离心分离技术不会改变废水中存在的物质，而是将其完整地聚集在一个特定位置，实现对其分离和收集。将收集起来的有用污染物进行回收，重新用于生产或加工，减少了资源浪费，促进了可持续发展。

3.4　调节池技术

调节池技术是工业废水预处理中的关键技术，其主要作用在于对废水的水质和水量进行调节，使其达到均衡状态，以便完成后续的处理。在工业生产过程中，废水的排放是不均衡的，无论水质还是水量都有较大差异。就水量而言，废水单位时间的产生量并非时时相等，可能某段时间产生较多而某段时间产生很少。此时利用调节池技术，在水量大时储存废水，等到水量小时再将其均匀地释放出来。这种做法可以避免后续处理设施因水量过大而无法正常运行，也能够保证废水的处理效果。在水质方面，不同生产环节产生的废水水质存在较大差异，调节池能够将这些含有不同成分的废水混合起来，使其水质得到均衡，从而减少后续处理的程序并降低难度。

3.4.1　调节池的功能

除了均匀水量、平衡水质这两个主要功能外，通过设置某些物理或化学手段，调节池还有其他多种作用。具体来说，调节池可以完成沉淀与过滤、酸碱度调节、氧化还原、化学药剂添加、生物处理等过程。

3.4.1.1　沉淀与过滤

沉淀是调节池中能够进行的最基本处理过程。废水在调节池中静置，质量较大的悬浮物、泥沙等大颗粒固体污染物会在重力的作用下沉降到池底，这初步达到了固液分离的效果。沉淀过程有效去除了大颗粒固体污染物，为后续处理创造了有利条件。在调节池中加设滤网、滤池等过滤装置，可以使调节池具有过滤功能。调节过滤材料的孔径大小还可以实现对特定污染物的过滤。调节池对进一步增强废水的处理效果有重要作用。

3.4.1.2　酸碱度调节

废水的酸碱度可以在很大程度上影响污染物的化学行为，使其出现沉淀或溶解、氧化或还原等变化，因此酸碱度调节是水质调节的一项重要工作。由于重金属离子在酸性条件下更易与沉淀物结合，所以对于含重金属离子的废水，可以在调节池中加入酸性物质，使废水变为酸性的，促使重金属离子沉淀；而有机物在碱性条件下更易发生氧化还原反应，因此对于含有机物的废水，应在调节池中加入碱性物质。通过调节酸碱度，污染物得到了效果更好的预处理。

3.4.1.3　氧化还原

氧化还原是一种比较有效的有机物处理方法，在氧气或其他氧化剂的作用下，有机物会发生降解，从而使浓度降低。因此，在调节池中加入氧气或其他氧化剂，可以有效处理其中的有机物，将其转化为更简单、污染更小的物质，达到对废水的净化目的。这一过程对于降低废水的 COD 等指标也有一定作用。

3.4.1.4 化学药剂添加

向调节池添加化学药剂可以促进污染物沉淀或去除某些污染物，这些化学药剂包括凝固剂、絮凝剂等。化学药剂的添加能够增强水中固体颗粒的凝聚作用，使其形成更大的凝聚体，加速沉降。另外，氧化还原过程中添加的氧化剂也属于化学药剂，这种药剂的作用是去除有机物。

3.4.1.5 生物处理

调节池还可以被用作生物处理的场所，向其中加入微生物或植物可以加速污染物的降解。微生物的代谢活动能够降解有机污染物，通过调节温度、酸碱度等条件，可以使微生物的代谢活动更旺盛，以此降解更多的有机物，改善废水水质。植物的生长繁殖、呼吸等多重作用对于去除水中的营养盐和污染物很有帮助，因此在调节池中种植睡莲、芦苇等水生植物可能会在一定程度上降低水中的污染物含量，减少水体富营养化风险。

3.4.2 调节池的种类及结构

按照调节池的调节功能可以将其分为水量调节池、水质调节池两种。

3.4.2.1 水量调节池

水量调节池又称均量池，用于调节水量。水量调节池进水口与出水口的位置是结构重点，进水口通常在池体上部，废水的进入依靠自身的重力；出水口通常在池体的底部或靠近底部的位置，出水主要依靠水泵的作用。水量调节池的基本结构如图 3-1 所示。

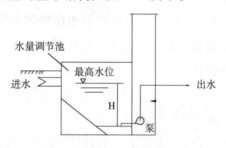

图 3-1　水量调节池的基本结构

调节池在废水处理流程中通常会存在于三个位置，一是存在于废水产生的各车间里，属于对废水的局部调节；二是存在于一级处理（利用物理处理技术去除大颗粒悬浮物和可沉淀固体物质）前，属于对废水的集中处理；三是存在于二级处理（利用微生物去除废水中可溶性有机物和部分胶体颗粒）后，属于局部调节。

水量调节池的容积需要根据废水的水量波动情况和所要求的调节池出水水质情况确定，一般要求调节池能够容纳水质水量变化一个周期的总水量。废水在调节池中停留的时间越长，则会受到越好的调节，但这又要求调节池容积足够大，在实际处理中往往达不到这种效果，废水在调节池中的停留时间一般不应超过 8 小时。

水量调节池通过收集暂存废水达到平衡水量的目的，当废水的产生量大于处理量时，多余的废水进入调节池暂存；当产生量小于处理量时，这部分暂存的废水可以补充不足的水量，从而使后续处理单元的废水量相对稳定，充分发挥其处理能力，提高处理效率，避免损坏。

3.4.2.2 水质调节池

水质调节池又称均质池，用于调节水质。水质调节有两种实现方法，一是通过外加动力使废水充分混合后实现水质调节，这种设备的结构简单，混合效果好，但是费用相对高。二是利用差流来调节水质，常

见的差流调节池有对角线出水调节池和折流式调节池，结构分别如图
3-2（a）和（b）所示。对角线出水调节池在均匀水质的同时可以调节
水量，而折流式调节池只能均匀水质。这种差流调节方式的设备结构较
复杂，但运行成本很低。

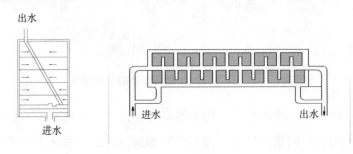

（a）对角线出水调节池 　　　　　　（b）折流式调节池

图 3-2　两种差流调节池

水质调节池的容积需要根据单位时间内废水的流量和调节时间确
定，计算公式为

$$\overline{V} = qT \tag{3-5}$$

式中：q 为废水的平均流量或最大流量，立方米/时；T 为调节时间，时。

调节时间一般根据调节池出水的实际浓度与设计浓度确定，两者相
等时的时间即为调节时间。若实际浓度大于设计浓度，则说明调节时间
设置较小，需要继续增加；若实际浓度小于设计浓度，则说明调节时间
设置较大，在这个时间里，实际浓度已经符合设计要求了。

对角线出水调节池的容积计算不同于以上方法，其计算公式为

$$\overline{V_1} = \frac{qT}{2\eta} \tag{3-6}$$

式中：η 为容积加大系数，一般取 0.7。

3.4.3　调节池的搅拌

调节池的主要作用在于对废水水质水量的均衡，对于水量，废水流入调节池暂存，并按照后续处理流程的需求流出，因此不需要额外的辅助装置。但是对于水质，长时间的静置会使其中的大颗粒污染物沉淀至池底，这种现象可能会对后续的处理产生影响，尤其是对沉淀处于一级处理之后或二级处理之前的情况。为了更好地调节废水水质，需要增设相应的搅拌装置，以防止大颗粒污染物的沉淀和浓度的波动。调节池常用的搅拌方法有空气搅拌和机械搅拌。

3.4.3.1　空气搅拌

空气搅拌利用气泡在废水中向上的浮力使废水发生波动而达到混合的目的。在调节池底部设置曝气装置，压缩气体进入废水中形成气泡，实现对废水的搅拌。这种方法简单，搅拌效果也比较好，但成本较高。

3.4.3.2　机械搅拌

机械搅拌通过在调节池中安装机械搅拌装置实现对废水的搅拌。这种方法同样具有较好的搅拌效果，能够有效阻止污染物在池底沉淀。但机械搅拌装置长期浸泡于废水中可能会产生腐蚀磨损现象，因此建设成本和运行成本都比较高。

3.4.4　调节池技术的应用场景

调节池技术不仅能调节水质水量，还能达到混合、沉淀、过滤、加药等多种目的，这使其在工业废水的处理中具有广泛应用。例如，在化工行业，生产合成树脂时，聚合反应产生的废水含有大量未反应的单体和引发剂，而清洗反应釜产生的废水则可能含有较多的有机溶剂和杂质。调节池可以收集这些不同的废水，通过搅拌使水质均匀化，降低后续处理的复杂性。同时，调节池能应对化工生产中由批次生产或设备检修导致的废水水量变化，以确保进入生物处理单元或化学处理单元的废水流量稳定。在其他行业中，调节池技术也能够起到同样作用。

3.5　物理处理技术的优化策略

工业废水的物理处理技术利用沉淀、过滤、离心等手段来去除废水中粒径较大的污染物，该类技术的原理简单，处理过程中所需的设备装置也不复杂，易于实现，且处理效果较好，因此在工业废水的处理中十分常用。物理处理技术的优化可以从处理材料的改进和污染物的回收利用两方面考虑。

3.5.1　处理材料的改进

与化学处理技术中的众多化学药剂相比，物理处理技术所需的材料并不多，主要包括吸附技术中的吸附剂和过滤技术中的过滤材料。就吸附剂来说，目前常用的吸附剂主要是活性炭，但活性炭价格昂贵，而吸附剂用量较大，因此整体的处理成本大大升高了，研发使用更低成本的吸附剂一直是吸附技术的热点话题。将废弃物用作吸附剂、吸附剂的重复利用和高效吸附剂的研发是三种降低吸附剂成本的有效路径，这能够达到废物的循环利用和可持续发展的目的。对于过滤材料，前面已有详细说明，下面不再赘述。

3.5.1.1　将废弃物用作吸附剂

许多生物质废弃物都具有吸附污染物的潜力，所以近几年，将生物质废弃物制成吸附剂的研究越来越多。例如，以甘蔗渣纤维素纳米纤丝为原料，用均苯四甲酸酐和磷钼酸铵改性制成的磷钼酸铵羧基甘蔗渣吸附剂；以蟹壳为原料的改性甲壳素吸附剂；以竹炭为原料的吸附剂；以柚子皮为原料，用硅烷改性制成的柚子皮吸附剂；以荔枝壳为原料的吸附剂等。这些吸附剂都是以生物质废弃物为原料的，通过适当的改性手段对其改性，其表面可以形成更多的活性官能团，从而获得更好的吸附特性。可用作吸附剂的生物质废弃物大多为果皮、果壳、稻壳、麦秸等，它们来源广泛且价格便宜，可大量用作吸附剂对工业废水进行处理。

将废弃物用作吸附剂同样具有较好的吸附效果，丁国庆等人[①] 以椰壳颗粒为原料，用氢氧化钠溶液对其改性得到吸附剂，并利用该吸附剂处理氨氮废水，结果显示它对氨氮废水的吸附率可达到60%。将这种废弃物回收，并将其作为吸附剂再利用，不仅大大降低了吸附技术的成本，还有效处置了废弃物，达到了"以废治废"的目的，实现了废弃物的资源化利用。

3.5.1.2 吸附剂的重复利用

通常情况下，物理吸附剂对物质的吸附作用都是可逆的，这意味着当吸附剂饱和时会停止吸附，在合适的条件下又会将物质解吸。对于工业废水，吸附剂将废水中的污染物吸附出来，吸附饱和后将其去除，通过加热或添加化学药剂等手段可以使污染物解吸出来，此时吸附剂再次具有了吸附能力，可以再次用于污染物的去除。利用这种原理，对活性炭、离子交换树脂等常用的吸附剂建立对应的再生系统，可以使吸附剂实现循环利用。对于活性炭，高温条件可将其吸附的有机物分解出来，使活性炭的孔隙结构得到恢复。因此，通过加热法去除吸附在活性炭表面的有机污染物，可恢复活性炭的吸附性能。对于离子交换树脂，可

---

① 丁国庆，陆金华，曹昊，等.不同活性炭的改性及其吸附废水中氨氮的实验研究 [J].江西科学，2020，38（2）：243.

以使用酸碱再生法，即通过将树脂浸泡在酸碱溶液中，使吸附的离子解吸，从而实现树脂的再生和重复利用。

吸附剂的循环利用可以大大减少吸附剂的使用量，降低处理成本。由于用过的吸附剂有了新用途，所以不会产生更多的废弃物，减少了这部分废弃物的处理工作。在实际应用时，应尽量选择这种可循环利用的吸附剂。

3.5.1.3 高效吸附剂的研发

更高的吸附性能和对污染物的去除率是吸附剂的主要发展方向，高效的吸附剂不仅有助于提升出水水质，也为后续的深度处理提供了有利条件。目前研究最多的高效吸附剂是复合型吸附剂，它将不同的物理处理材料复合，以获得更好的处理效果。例如，将磁性材料与吸附材料复合，如制备磁性活性炭。在处理废水时，这种复合材料可以利用磁性方便地从废水中分离出来，同时结合活性炭的吸附性能，能够高效地去除废水中的有机污染物和重金属。这种磁性活性炭也可以实现循环利用，使用后通过外加磁场可以快速回收，经过简单的再生处理后可再次使用。复合型吸附剂对污染物的吸附效果十分显著，施卜银等人[①]利用纳米复合材料对含铬废水进行了处理，纳米复合材料将纳米材料附着在载体上，以提高纳米材料的稳定性。研究结果显示，纳米复合材料对铬的去除率可达到 95% 以上。

运用高效吸附剂可以提高对废水的处理效果，使出水水质达到甚至高于排放要求，有利于环境保护。如果吸附环节对污染物的去除率较高，那么就可以只进行简单的后续处理，或者只通过吸附就可达到要求而不必进行深度处理，从而节省了后续的处理成本。

---

① 施卜银，王卓玉.基于纳米复合材料的高效吸附剂对污水深度处理的研究进展[J].宁夏大学学报（自然科学版），2024：1-8.

3.5.2 污染物的回收利用

物理处理技术对废水中的污染物主要起到分离作用，无论是沉淀、过滤、吸附还是离心，都并未改变污染物的存在状态，因此利用物理处理技术可以对一些有用的污染物进行回收。例如，对于含有重金属的废水，可以采用沉淀法，先将重金属从废水中分离出来，然后通过熔炼等方式将重金属提炼出来，以重新用于工业生产。吸附同样是废水资源回收的常用方法，利用吸附剂对污染物的吸附—解吸原理，将污染物从废水中提取出来，从而可实现其资源化回收与再利用，达到可持续发展的效果。

日本佐贺大学的川喜田英孝教授开发了一种新型吸附材料，能够实现对工业废水中金的高效吸附。这种新型吸附材料以树木或果皮为原料制成，因此这些物质表面含有聚苯酚，对金具有极强的吸附效果。该种吸附材料对金的吸附能力是普通活性炭的 5 倍。这种以废弃物为吸附剂回收废水中污染物的做法，在双重意义上实现了废弃物的循环利用，对可持续发展的实现具有重要意义。

第4章　可持续发展背景下工业废水的化学处理技术与优化

4.1　微电解技术

微电解技术是一种效果较好的工业废水的化学处理技术，常被用于废水的预处理阶段，对于处理高浓度的有机物废水十分有效。

4.1.1　微电解技术的工作原理

微电解技术利用电化学原理中的原电池反应，将两种不同电性的导体连接在一起，通常使用铁和碳，将其一同浸入废水中，这样它们就会在废水中形成无数个微小的原电池。废水中的带电离子会在电场效应下向相反电荷的电极处移动并发生反应，反应产生的物质还可能与废水中的物质发生反应，两者可以同时达到去除污染物的目的。

基于以上工作原理，将微电解技术对废水中污染物的作用总结为三点，即氧化还原作用、微电场作用及吸附絮凝作用。对于铁－碳组合导体来说，铁为阳极，碳为阴极。

4.1.1.1 氧化还原作用

当将两导体置于废水中时，阳极发生氧化反应，即铁原子失去电子变成亚铁离子（Fe^{2+}）进入溶液；阴极发生还原反应，即废水中的氢离子（H^+）得到电子生成氢气排出。在不同酸碱性条件下，阴极与阳极发生的反应分别如下：

无论酸碱性，阳极发生的反应都为

$$Fe - 2e \longrightarrow Fe^{2+}, \quad E^0 = -0.44 \text{ V}$$

酸性无氧条件下，阴极发生的反应为

$$2H^+ + 2e \longrightarrow H_2 \uparrow, \quad E^0 = 0 \text{ V}$$

酸性有氧条件下，阴极发生的反应为

$$2H^+ + O_2 + 2e \longrightarrow H_2O_2, \quad E^0 = 0.86 \text{ V}$$

$$4H^+ + O_2 + 4e \longrightarrow 2H_2O, \quad E^0 = 1.23 \text{ V}$$

中性、碱性条件下，阴极发生的反应为

$$2H_2O + O_2 + 4e \longrightarrow 4OH^-, \quad E^0 = 0.4 \text{ V}$$

E^0 代表标准电极电位，由以上反应可知，在酸性有氧条件下，E^0 相对最高，反应速度也更快，因此在某些废水处理中会在微电解池中加入纯氧或过氧化氢加速反应。

进入溶液的 Fe^{2+} 具有较强的还原性，可以与废水中高价态的重金属离子或硝基化合物等氧化性物质发生氧化还原反应，使这些物质被去除或变为更易处理的形态。例如，将硝基还原为氨基的反应式为

$$R'—R—NO_2 + 3Fe^{2+} + 6H^+ \longrightarrow R'—R—NH_2 + 2H_2O + 2Fe^{3+}$$

此外，它还能够破坏有色物质中的发色基团或助色基团，达到废水脱色的效果。例如，还原偶氮型燃料的发色基团的反应式为

$$R—N=N—R' + 4Fe^{2+} + 4H_2O \rightarrow RNH_2 + RNH_2 + 4Fe^{3+} + 4OH^-$$

4.1.1.2 微电场作用

电性不同的两个导体在含电解质溶液中形成了原电池，从而产生了微电场。废水中的某些小颗粒污染物、极性分子及胶体颗粒会在微电场的作用下，朝着与其本身电性相反的电极运动，最终聚集在两电极附近，形成大颗粒固体污染物。由此会产生更多沉降的污染物，这对于后续的处理十分有利。在微电场的作用下，废水的 COD 得到有效降低。

4.1.1.3 吸附絮凝作用

Fe^{2+} 被氧化后会生成 Fe^{3+}，它们的水合物具有较强的吸附性和絮凝性，能够大量吸附废水中的微小颗粒、金属离子及有机大分子。另外，微电场作用下也会产生大量沉降物，这进一步提升了沉淀效果。

4.1.2 微电解技术的应用场景

4.1.2.1 微电解技术的应用优势

微电解技术因其多种作用原理而具有很多应用优势，包括处理速率快、适用范围广且环境友好。在处理速率方面，该技术采用微孔活化后的填料作为微电解材料，这种填料具有较大的比表面积，因此反应速度很快。若再在废水中加入适量的催化剂，则可以达到更快的反应速度。对于一般的工业废水，处理时间仅为半小时至一小时，具有非常高的处理效率。

在适用范围方面，微电解技术可以用于高浓度工业废水的预处理，也可以对一般工业废水中浓度较高的部分进行单独处理，为后续的处理工序提供了有利条件。另外，微电解技术对很多污染物的处理都有显著效果，如有机磷、重金属等，同时对一些处理难度较大的有机污染物有良好的降解作用，如含有碳碳双键、硝基、偶氮等结构的有机污染物。

在环境方面，微电解技术在处理过程中一般不产生其他有毒有害物质，而且其在氧化还原反应中产生的 Fe^{2+} 比一般絮凝剂的凝结效果更好。该方法在不对环境产生较大影响的前提下，仍然能实现高效处理。

4.1.2.2 微电解技术的应用领域

微电解技术的众多优势使其具有十分广泛的应用，尤其在印染、化工行业的废水处理中，微电解技术发挥了重要作用。

在印染行业，其产生的废水中含有大量难降解的染料和助剂，成分较复杂，色度尤其高，COD 也较高。微电解技术的一个显著作用就是能够破坏有色物质的发色基团，降低 COD，因此利用微电解技术处理印染废水可以得到比较好的效果。蒋梦然等人[1]曾利用铁碳微电解技术对印染废水进行了深度处理并研究了其生物毒性，研究结果表明，废水的 COD 从 120 毫克 / 升降低至 60 毫克 / 升，废水的生物毒性被削减了。

化工行业产生的废水中的污染物以酚类、苯系物及多环芳烃类等有机物为主，还包括一部分无机物和重金属。微电解技术可用于处理含高浓度有机污染物的化工废水。例如，对于含酚废水，微电解技术产生的活性氢可以与酚类物质发生反应，使其脱出羟基，降低酚的毒性和浓度。对于重金属，微电解技术的氧化还原作用可以将部分毒性较高的重金属离子还原为毒性较低的离子。例如，将毒性高的六价铬离子（Cr^{6+}）还原为毒性低的三价铬离子（Cr^{3+}）。此外，微电解技术产生的絮凝物质能够吸附重金属离子，使其沉降下来，降低废水中的重金属浓度。我国学者罗发生等人[2]曾对微电解法处理铜冶炼废水中的重金属离子进行了研究，研究结果表明，通过铁碳微电解技术处理铜的冶炼废水，铜

[1]　蒋梦然，陈红，薛罡，等.印染废水铁碳微电解深度处理出水生物毒性 [J].环境工程学报，2016，10（6）：3036-3042.

[2]　罗发生，徐晓军，李新征，等.微电解法处理铜冶炼废水中重金属离子研究 [J].水处理技术，2011，37（3）：103.

离子、铅离子及锌离子的去除率能够分别达到 95.6%、91.8% 和 70.9%。这说明微电解法对重金属的去除率还是比较高的。张一婷等人[①]曾对微电解法处理含铬钢铁废水进行了研究，利用铁碳微电解技术处理了钢铁企业的冷轧含铬废水，并针对 pH 值、搅拌转速及铁碳质量比探究了微电解法的影响因素。研究结果表明，当 pH 值为 3、搅拌转速为 100 转 / 分、铁碳质量比为 2 ∶ 1 时，微电解法对废水中 Cr^{6+} 的去除效果最好，去除率能达到 99%。这表明微电解法对铬离子的去除十分有效。

石油化工产生的废水主要为含油废水，其中含有石油类物质、硫化物及有机物等污染物。微电解技术的氧化还原作用可以将硫化物转化为单质硫或硫酸根离子，以降低其毒性和消除其气味，同时可以将复杂的有机物转化为小分子有机物。而石油类物质的处理主要依靠微电解技术的吸附作用，其产生的絮凝物质可以吸附废水中的油滴和悬浮物，在改善废水的同时便于后续处理。

铁碳微电解法属于比较传统的微电解方法，尽管其具有很多优势和较广的应用范围，但是在日益严格的废水处理标准下，依然难以适应。基于此，许多改性的微电解方法出现了，能够进一步提升处理效果和速度。一种常见的改性方法就是加入某些金属，如铝、锌、镍、钴等，以增加原电池数量，提升处理效果。另外，将微电解技术与生物处理技术、物理处理技术、化学处理技术联合，也可有效提高废水的处理效果。

① 张一婷，耿世刚，伦海波，等 . 微电解法处理含铬钢铁废水的研究 [J]. 工业安全与环保，2014，40（1）：78.

4.2　化学沉淀技术

4.2.1　化学沉淀技术的工作原理

化学沉淀技术的工作原理是，在废水中投入某种化学物质，使废水中的溶解性污染物与所加的化学物质发生反应，生成难溶或不溶于水的沉淀物。再利用沉淀、过滤等后续处理方法将沉淀物从废水中分离出来，最终达到去除污染物、净化废水的目的。

由化学沉淀技术的原理可知，该方法是基于溶解平衡进行的，化学沉淀剂与溶解物质发生络合反应或配位反应后会生成难溶物质，那么难溶物质，也就是沉淀是如何产生的呢？难溶物质一般是指溶解度小于100毫克/升的物质，溶解度大小用溶度积常数 K_{SP} 表示，当沉淀在溶液中达到溶解平衡时，各离子浓度保持不变，其离子浓度幂的乘积是一个常数，这个常数就被称作溶度积常数。对于一个在溶液中已经达到溶解平衡的化合物来说，存在如下反应：

$$xM^{y+} + yN^{x-} \Longrightarrow M_xN_y$$

那么该化合物的溶度积常数为

$$K_{SP} = [M^{y+}]^x \cdot [N^{x-}]^y \qquad (4-1)$$

如果 $K_{SP} > [M^{y+}]^x \cdot [N^{x-}]^y$，那么说明该化合物在溶液中未饱和，会继续溶解在溶液中；如果 $K_{SP} < [M^{y+}]^x \cdot [N^{x-}]^y$，那么说明该化合物在溶液中过饱和，超出的部分会以沉淀形式存在。由此可知，产生沉淀的必要条件是污染物在水中溶解的溶度积常数小于离子积。

4.2.2 化学沉淀技术处理效果的影响因素

化学沉淀技术的处理效果主要由污染物特性、废水 pH 值、温度、副反应，以及搅拌速度与接触时间决定，另外盐效应与同离子效应也会影响化学沉淀技术的处理效果。

4.2.2.1 污染物特性

污染物与化学药剂的不同组合可能会生成完全不同的沉淀物，因此其 K_{SP} 也会不同。在选择化学药剂时，要充分考虑到污染物的种类，尽量选择生成物质的 K_{SP} 小的化学药剂，以保证沉淀物的生成。

4.2.2.2 废水 pH 值

废水 pH 值对沉淀效果影响较大，它不仅会改变沉淀反应的平衡状态，还会改变沉淀物的存在形态。适当调整 pH 值可以使废水中污染物的离子态发生变化，以促进沉淀物的形成和沉淀；相反，不适宜的 pH 值则会阻碍沉淀物的形成，降低处理效率。

4.2.2.3 温度

温度会影响反应速率和沉淀物的溶解度。温度较高时，沉淀的反应速率加快，有利于沉淀物的生成。对于大多数沉淀物来说，温度越高溶解度越大，但也有一些沉淀物的溶解度与温度成反比。因此，温度过高或过低都对反应速率有影响，让反应在适宜的温度下进行是重要的优化措施。

4.2.2.4 副反应

废水的成分比较复杂，其中可能存在多种污染物，当加入某种化学药剂后，非目标污染物可能与化学药剂发生其他反应，消耗了药剂，使目标污染物没有得到充分反应，从而未形成足够的沉淀物。

4.2.2.5 搅拌速度与接触时间

将药剂加入废水后，需要搅拌废水以使药剂与废水完全混合，这样污染物才能与药剂发生反应，形成沉淀。另外，接触时间也应足够，只有让沉淀反应充分进行，才能使污染物被有效去除。

4.2.2.6 盐效应

在溶液中加入不同离子的无机盐能够改变溶液的活度系数，从而使溶解度发生变化，这种现象称为盐效应。若废水中存在这种能够产生盐效应的无机盐，则会使药剂与污染物产生的沉淀物的溶解度上升，不利于沉淀物的形成。因此，在选择化学药剂时，应掌握废水中的这些杂质盐离子，选择不会与其发生反应的药剂。

4.2.2.7 同离子效应

同离子效应是指，若在难溶化合物饱和溶液中加入相同离子，则会使溶解平衡向沉淀方向移动，使难溶化合物的溶解度降低，有利于沉淀物的生成。因此，在化学沉淀中可以利用这种同离子效应，添加过量的药剂或同离子物质，加速沉淀物的生成，增强处理效果。

4.2.3　常见的沉淀剂

沉淀剂是化学沉淀法的主要材料，选择合适的沉淀剂对成功处理工业废水至关重要。常用的沉淀剂有很多种，根据其化学种类的不同，可以分为氢氧化物类沉淀剂、硫化物类沉淀剂、碳酸盐类沉淀剂及有机试剂等。

4.2.3.1 氢氧化物类沉淀剂

这类沉淀剂主要用于处理含重金属离子的废水。废水中的重金属离子与氢氧根离子反应，可以形成氢氧化物沉淀。通过调节废水的pH值，可以控制氢氧化物沉淀的生成。常用的氢氧化物类沉淀剂有氢氧化钙、氢氧化铁、氢氧化钠及其他苛性碱等。

4.2.3.2 硫化物类沉淀剂

该类沉淀剂适用于去除废水中的铜、铅、汞等重金属离子。废水中的金属离子与硫化物中的硫离子反应能够生成难溶的金属硫化物沉淀。例如，硫离子与铜离子生成硫化铜（CuS），与铅离子生成硫化铅（PbS），与汞离子生成硫化汞（HgS），这些生成物的溶解度通常都很小，溶度积常数也比较小，使反应更易朝着生成沉淀的方向进行，使去除污染物的目的更易达到。常用的硫化物类沉淀剂有硫化氢、硫化钠等。

4.2.3.3 碳酸盐类沉淀剂

碳酸盐类沉淀剂主要用于去除废水中的铜、镁等金属污染物。碳酸盐中的碳酸根离子会与金属离子反应生成难溶的碳酸盐沉淀，实现金属污染物的去除。常见的碳酸盐类沉淀剂有碳酸钙、碳酸铜等。

4.2.3.4 有机试剂

有机试剂对于废水中的很多污染物都有去除效果，包括重金属离子、酚类物质、醛类物质以及其他无机污染物。有机试剂中的某些官能团，如氨基、羧基、羟基等，能够与废水中的特定污染物发生络合反应，形成难溶的络合物。例如，胺类试剂可以与铜离子反应形成络合物沉淀，用甲醛可以去除含酚废水中的酚类物质。常用的有机试剂包括有机硫化合物、有机胺类试剂、甲醛、聚丙烯酰胺、单宁酸等。

4.2.4　化学沉淀技术的分类

根据所用沉淀剂的不同，可将化学沉淀技术分为氢氧化物沉淀技术、硫化物沉淀技术、碳酸盐沉淀技术、有机试剂沉淀技术及其他沉淀技术。

4.2.4.1 氢氧化物沉淀技术

氢氧化物沉淀技术就是以氢氧化物为沉淀剂的技术。将氢氧化物统一表示为 $M(OH)_n$，那么在废水中会发生如下反应：

$$\begin{cases} M^{n+} + nOH^- \rightleftharpoons M(OH)_n \\ H^+ + OH^- \rightleftharpoons H_2O(aq) \end{cases}$$

则沉淀物的溶度积常数为：

$$K_{SP} = \left[M^{n+} \right] \cdot \left[OH^- \right]^n \tag{4-2}$$

又因为水的离子积常数为

$$K_W = \left[H^+ \right] \cdot \left[OH^- \right] = 10^{-14} \tag{4-3}$$

将式（4-2）和式（4-3）联立，可得到废水中的氢离子浓度为

$$\left[H^+ \right] = \frac{K_W}{\left[OH^- \right]} = \frac{10^{-14}}{\left(K_{SP} / \left[M^{n+} \right] \right)^{\frac{1}{n}}} \tag{4-4}$$

将式（4-4）两边取负对数，则氢离子浓度的负对数为

$$pH = 14 - \frac{1}{n} \left(lg \left[M^{n+} \right] - lg K_{SP} \right) \tag{4-5}$$

变换式（4-5），得到金属粒子浓度的对数为

$$lg \left[M^{n+} \right] = lg K_{SP} + np K_W - npH \tag{4-6}$$

式中：K_W 为固定值；pK_W 为 K_W 的负对数。如果金属离子浓度相同，

即 $\lg\left[\mathrm{M}^{n+}\right]$ 相同，那么 K_{SP} 与 pH 呈正相关，即 K_{SP} 越大，能够析出沉淀物所需的 pH 值越高；反之亦然。若对于同一种金属的不同浓度，即 K_{SP} 相同而 $\lg\left[\mathrm{M}^{n+}\right]$ 不同，那么 pH 值随着金属离子浓度的升高而降低，代表浓度越高，所需的 pH 值越低。因此，通过调节废水的 pH 值可以实现对沉淀过程的控制。

4.2.4.2 硫化物沉淀技术

硫化物沉淀技术是以硫化物为沉淀剂的技术。如果将硫化物表示为 $\mathrm{M}_2\mathrm{S}_n$，那么在金属硫化物沉淀的饱和溶液中，存在以下溶解平衡：

$$\mathrm{M}_2\mathrm{S}_n \rightleftharpoons 2\mathrm{M}^{n+} + n\mathrm{S}^{2-}$$

沉淀物的溶度积常数为

$$K_{\mathrm{SP}} = \left[\mathrm{M}^{n+}\right]^2 \cdot \left[\mathrm{S}^{2-}\right]^n \qquad (4-7)$$

除溶解平衡外，溶液中的硫化氢还会发生如下电离过程：

$$\begin{cases} \mathrm{H}_2\mathrm{S} \rightleftharpoons \mathrm{H}^+ + \mathrm{HS}^- \\ \mathrm{HS}^- \rightleftharpoons \mathrm{H}^+ + \mathrm{S}^{2-} \end{cases}$$

两种电离的电离常数分别为

$$\begin{cases} K_1 = \dfrac{\left[\mathrm{H}^+\right]\left[\mathrm{HS}^-\right]}{\left[\mathrm{H}_2\mathrm{S}\right]} = 9.1 \times 10^{-8} \\[3mm] K_2 = \dfrac{\left[\mathrm{H}^+\right]\left[\mathrm{S}^{2-}\right]}{\left[\mathrm{HS}^-\right]} = 1.2 \times 10^{-15} \end{cases} \qquad (4-8)$$

由以上式子可得到金属离子浓度为

$$\left[\mathrm{M}^{n+}\right] = \sqrt{K_{\mathrm{SP}}\left(\frac{\left[\mathrm{H}^+\right]}{1.2 \times 10^{-15}\left[\mathrm{HS}^-\right]}\right)^n} = \sqrt{K_{\mathrm{SP}}\left(\frac{\left[\mathrm{H}^+\right]^2}{1.09 \times 10^{-22}\left[\mathrm{H}_2\mathrm{S}\right]}\right)^n} \quad (4-9)$$

常温常压下，硫化氢在水中的饱和浓度为 0.1 摩尔 / 升，此时的金属离子浓度及氢离子浓度分别为

$$\left[M^{n+} \right] = \sqrt{K_{SP} \left(\frac{\left[H^+ \right]^2}{1.09 \times 10^{-23}} \right)^n} \qquad （4-10）$$

$$\left[H^+ \right] = \sqrt{\left(\frac{\left[M^{n+} \right]^2}{K_{SP}} \right)^{\frac{1}{n}} \times 1.09 \times 10^{-23}} \qquad （4-11）$$

对式（4-11）两边取负对数，得到 pH 值：

$$pH \approx \frac{23}{2} - \frac{1}{n} \lg \left[M^{n+} \right] + \frac{1}{2n} \lg K_{SP} \qquad （4-12）$$

由式（4-12）可知，在金属离子浓度保持不变的情况下，若金属的沉淀溶度积常数越大，所需的 pH 值越小。也就是说，在酸性条件下，硫化物只能沉淀溶度积常数较小的金属离子；而在碱性条件下，硫化物能够使溶度积常数较大的金属沉淀。对于同一种金属离子，pH 值越大则金属离子浓度越小。利用以上特性，通过改变废水的 pH 值，可以实现对多种重金属的分层沉淀处理。

与氢氧化物沉淀技术相比，硫化物与金属离子的结合更彻底，因为在碱性溶液中，硫化物沉淀物的溶解度比氢氧根沉淀物小得多，并且硫化物类沉淀剂本身不会受到 pH 值较大的影响。但是往往沉淀过程比较困难，所以常通过添加额外的絮凝剂以增强沉淀效果，使金属离子被更好地去除。基于这个原因，硫化物沉淀技术的成本高于氢氧化物沉淀技术。由于调节废水 pH 值可以达到分层沉淀的效果，因此硫化物沉淀技术对于处理含有多种金属离子的废水比较有效。

4.2.4.3 碳酸盐沉淀技术

碳酸盐沉淀技术是以碳酸盐为沉淀剂的技术。碳酸盐类沉淀剂本身就存在难溶与可溶两种，对于不同的作用对象可选择不同种类的沉淀剂。对于含有锌离子、镍离子及镉离子的废水，可以选择碳酸钙这样的难溶性沉淀剂，其与这些金属离子反应可生成溶解度更低的沉淀物；对于其他金属离子，则可以选择碳酸钠这样的可溶性沉淀剂，生成沉淀物即可去除废水中的污染物。

相比于前两种沉淀技术，碳酸盐沉淀技术的沉淀剂更易获得，因此成本更低，应用也更加广泛。

4.2.4.4 有机试剂沉淀技术

有机试剂沉淀技术是以有机试剂为沉淀剂的技术。以上三种技术的主要作用对象都为废水中的金属离子，而有机试剂沉淀技术不仅可以去除金属离子，还可以处理有机废水，包括含酚废水和含醛废水。因此，这种技术具有较强的可选择性。对于不同种类废水，选用合适的有机试剂能够得到很好的处理效果，尤其是对于一些难以用传统沉淀方法去除的污染物，可将其浓度降到较低水平。

但该方法也存在显著缺点。其一就是成本较高，有机试剂价格普遍较贵，因此增加了处理成本。其二在于可能会产生二次污染，有机试剂往往本身具有毒性，在处理过程中可能残留或分解产生有害的副产物，造成新的污染。因此，在处理开始之前，应对有机试剂的用量进行精确计算，避免造成试剂浪费和二次污染。

4.2.4.5 其他沉淀技术

由于沉淀剂种类众多，因此除以上四种沉淀技术外，还存在其他沉淀技术。

1. 卤化物沉淀技术

卤化物沉淀技术是以氯离子、溴离子、碘离子等卤化物为沉淀剂的技术，常用于去除废水中的氟离子，还能用于银的回收。

对于含氟废水，可以选择氯化钙作为沉淀剂，当其进入废水后，钙离子会与氟离子反应生成氟化钙沉淀，反应如下：

$$Ca^+ + 2F^- =\!\!= CaF_2 \downarrow$$

对于含银废水中的银，可以用氯离子进行去除，当氯离子进入废水后，会与废水中的银离子发生如下反应：

$$Ag^+ + Cl^- =\!\!= AgCl \downarrow$$

生成的氯化银（AgCl）溶度积常数较小，易形成沉淀，从而易达到去除银离子的目的。

卤化物类沉淀剂来源广泛，价格便宜，因此该沉淀技术的成本较低，对于特定污染物有较好的去除效果。但该技术的适用范围有限，对大多数金属污染物都不适用，处理后还可能生成新的污染物。

2. 钡盐沉淀技术

钡盐沉淀技术的沉淀剂是碳酸钡、氯化钡、硝酸钡等钡盐物质，该技术常用于去除废水中的硫酸根离子，钡离子与硫酸根离子会发生如下反应：

$$Ba^{2+} + SO_4^{2-} =\!\!= BaSO_4 \downarrow$$

生成的硫酸钡沉淀能够将硫酸根离子从废水中去除。但是钡盐本身大多具有毒性，在使用过程中可能会对人体或环境造成严重伤害，处理后生成的沉淀物也可能会对环境造成二次污染，因此需要严格控制钡盐的使用量和处理后废水中钡离子的残留量。

3.磷酸铵镁沉淀技术

该技术主要用于含氨氮废水和含磷废水的处理，沉淀剂一般为氯化镁、硫酸镁等镁盐，氯化铵、硫酸铵等铵盐，以及磷酸二氢钠等磷酸盐。该方法的主要依据是，镁离子、铵根离子和磷酸根离子在水中发生的如下反应：

$$Mg^{2+} + NH_4^+ + PO_4^{3+} + 6H_2O \Longrightarrow MgNH_4PO_4 \cdot 6H_2O \downarrow$$

该反应会生成磷酸铵镁沉淀，从而实现废水中氨氮或磷的去除。该方法具有较好的处理效果，但是仅能用于特定污染物的去除，应用范围较窄。

4.铁氧体沉淀法

铁氧体是一种具有一定晶体结构的复合氧化物，不溶于水，在水中会形成沉淀。铁氧体沉淀法通过向废水中加入铁盐，并调节 pH 值等工艺条件，使废水中各种金属离子形成铁氧体沉淀，以达到去除污染物的目的。铁氧体沉淀法常用于处理含重金属的工业废水。

根据产物生成过程的不同，铁氧体沉淀法可分为中和法和氧化法两种。将铁盐加入废水中，然后用碱中和到所需条件使废水中的金属离子形成铁氧体沉淀的过程为中和法。将亚铁离子加入废水中，用碱溶液调节废水 pH 值至 9 或 10，然后将废水加热并通入空气使其氧化，从而使废水中金属离子形成铁氧体沉淀的过程为氧化法。

铁氧体沉淀法的工艺过程包括配料反应、加碱共沉淀、充氧加热转化沉淀、固液分离和沉渣处理五个过程。

（1）配料反应。该过程为投加沉淀剂阶段，可选择的沉淀剂有硫酸亚铁、氯化亚铁等亚铁盐，主要是为生成铁氧体提供足够的铁离子（Fe^{3+}）与亚铁离子（Fe^{2+}）。当沉淀剂进入含重金属的废水后，亚铁离子（Fe^{2+}）会将高价重金属离子还原，如将六价铬离子还原为三价铬离子，而亚铁离子（Fe^{2+}）自身会被氧化为正三价的铁离子。两种铁离子都会参与铁氧体沉淀的形成。沉淀剂的投加量通常根据废水中重金属离子的种类与浓度确定，亚铁盐的实际投加量应稍大于计算量，约为计算量的 1.15 倍。

（2）加碱共沉淀。铁氧体的形成需要一定的 pH 值条件，因此在投加沉淀剂后还需要加入碱溶液使其达到形成要求。根据废水中重金属离子种类的不同，向其中添加适当浓度、数量的氢氧化钠溶液，将废水 pH 值调整至 8 ～ 9，使重金属离子与铁离子在常温及缺氧条件下，以氢氧化物胶体形式同时沉淀，如 $Cr(OH)_3$、$Fe(OH)_3$、$Fe(OH)_2$ 和 $Zn(OH)_2$ 等。但需注意的是，不能用石灰调整 pH 值，以免未溶解颗粒及杂质混入沉淀影响铁氧体质量。

（3）充氧加热转化沉淀。只有废水中亚铁离子与铁离子达到一定比例才能形成铁氧体沉淀，通过充氧的方式可将 Fe^{2+} 氧化为 Fe^{3+}，使两者达到合适的比例。另外，通过加热可促使反应进行、氢氧化物胶体破坏和脱水分解，让其他金属离子均匀地混杂到铁氧体晶格中，占据部分 Fe^{2+} 和 Fe^{3+} 的位置，形成特性各异的铁氧体，产生的反应如下：

$$Fe(OH)_3 = FeOOH + H_2O$$

$$Fe(OH)_2 + FeOOH = FeOOH \cdot Fe(OH)_2$$

$$FeOOH \cdot Fe(OH)_2 + FeOOH = FeO \cdot Fe_2O_3 + 2H_2O$$

加热充氧的方式有两种，一种是将全部废水同时充氧加热；另一种是先对废水充氧，然后将生成的氢氧化物沉淀分离出来，单独进行加热。充氧加热的时间和温度也应被格外注意，以避免亚铁离子被过多地氧化为铁离子。一般加热温度为 60 ～ 80 摄氏度，加热时间为 20 分钟。

（4）固液分离。在铁氧体沉淀充分形成后，可采用沉淀过滤、浮上分离、离心分离和磁力分离等方法将其从溶液中分离出来，由于铁氧体相对密度较大，沉降过滤和离心分离效果较好。

（5）沉渣处理。分离得到的铁氧体沉淀即为沉渣，由于沉渣的组成、性能及用途不同，处理方式也不同。若废水成分单纯、浓度稳定，沉渣可作为铁淦氧磁体的原料，这时需水洗除去硫酸钠等杂质；也可供制耐蚀瓷器或暂时堆置贮存。

铁氧体沉淀法对重金属废水的处理效果较好，能够一次脱除废水中的多种污染物，尤其适用于混合性重金属电镀废水的处理。另外，该种化学沉淀法的设备与操作简便，投资少且易于管理。沉淀剂的适应性强，能够处理多种重金属离子共存的复杂废水。所形成的沉渣化学稳定性高，易于微分离和脱水，还可被综合利用制造多种材料。但该种沉淀法也存在一定缺点，主要体现于，不能对有用的金属进行回收，处理过程中需要消耗大量沉淀剂且处理时间长、成本高。

4.3　氧化还原技术

氧化还原技术是向废水中加入某种物质或施加某种手段，使废水中的目标污染物发生氧化还原反应，以此去除污染物或降低污染物的毒性。令污染物发生氧化还原反应的方法有加入化学药剂和 4.1.1 中所述的微电解法。以下着重介绍加入化学药剂的氧化还原技术。

4.3.1　氧化还原技术的工作原理

氧化还原技术的主要依据是污染物在被氧化还原后产生的变化。污染物被氧化或被还原之后可能会生成毒性更小的新物质，以此降低废水的毒性；也可能会生成挥发性的气体或难溶的固体沉淀，从而达到去除污染物的目的。

4.3.1.1 氧化还原反应的原理

化合物离子或原子的氧化还原实质就是失去和得到电子的过程，失去电子为氧化反应，得到电子为还原反应。氧化与还原过程是同时进行的，氧化剂得到电子所以物质被氧化，还原剂失去电子所以物质被还原。

在化学反应中，电子的得失或偏移可以用"氧化数"这一概念来描述，氧化数也相当于高中化学中的化合价。如果某一反应前后，元素的氧化数发生了变化，那么这一反应就是氧化还原反应。氧化数升高则该元素发生氧化反应；降低则发生还原反应。

氧化还原能力主要由氧化剂或还原剂的能力决定，氧化还原能力是指该化合物得到电子或失去电子的难易程度，一般用氧化还原电位 E 表示。当两种物质的氧化还原电位相等时，说明该氧化还原反应达到平衡状态。氧化还原反应的平衡状态，可表示如下：

$$氧化剂 + 还原剂 = 氧化产物^{n-} + 还原产物^{n+}$$

氧化还原反应的化学平衡常数可表示为

$$K = \frac{氧化产物 \times 还原产物}{氧化剂 \times 还原剂}$$

4.3.1.2 氧化还原反应速率的影响因素

氧化还原反应速率的影响因素主要有以下五个：

1. 反应物浓度

氧化剂或还原剂浓度会显著影响反应速率，一般情况下，浓度越高则反应速率越快。

2. 温度

当温度升高时，反应物分子或离子的热运动加剧了，碰撞频率增加了，具有足够能量克服反应活化能的分子比例也增加了，从而加快了反应速率，用阿伦尼乌斯方程表示如下：

$$\frac{d(\ln k)}{dT} = \frac{-E_a}{RT^2} \qquad (4-13)$$

式中：k 为反应速率常数；T 为温度；E_a 为反应活化能；R 为理想气体常数。

3. 催化剂

合适的催化剂能极大地改变氧化还原反应的速率。催化剂能参与反应，改变反应的途径，降低反应的活化能，但在反应前后本身质量和化学性质不变。

4. 反应物性质

不同的氧化剂和还原剂的氧化还原电位不同。反应物的状态也会影响反应速率，一般来说，气态反应物之间的反应速率比固态反应物之间的反应速率快，因为气态反应物分子具有更高的流动性和碰撞频率。

5. 溶液酸碱度

酸碱度可能会改变反应物或产物的存在形式、稳定性及反应活性，因此会对反应速率产生影响。

4.3.2 氧化还原技术中常用的化学药剂

用于氧化还原技术的化学药剂分为氧化剂和还原剂两种。

常用的氧化剂：臭氧（O_3）、过氧化氢（H_2O_2）、氯系氧化剂（如氯气（Cl_2）、次氯酸钠（$NaClO$）等。臭氧具有强氧化性，可以分解废水中的难降解有机物；过氧化氢在亚铁离子（Fe^{2+}）催化下产生具有强氧化性的羟基自由基（·OH），能氧化多种有机污染物；氯系氧化剂价格相对较低，对细菌、病毒等微生物和部分有机物有良好的消毒和氧化作用。

常用的还原剂：金属单质，如铁、锌等；硫化物，如硫化钠（Na_2S）；离子，如二价铁离子（Fe^{2+}）等。金属单质通过自身氧化来还原废水中的污染物，硫化物可以将废水中的重金属离子从高价态还原为低价态，以降低其毒性和迁移性；离子则通过为污染物提供电子将其还原为毒性更低的物质，达到废水处理的效果。

无论氧化剂还是还原剂都应具有较强的氧化还原能力，并且在反应过程中不会与污染物产生新的有毒有害物质。

4.3.3　常见的几种氧化还原技术

选取不同的化学药剂可形成不同的氧化还原技术，以下将简要介绍以臭氧、氯系氧化剂为氧化剂，以及以铁及其化合物为还原剂的技术。

4.3.3.1　臭氧氧化技术

臭氧氧化技术是以臭氧为氧化剂将废水中污染物氧化，从而使废水得到处理的技术，这里向废水中加入的臭氧是指含有低浓度臭氧的空气或氧气。臭氧是一种活泼性气体，常温下呈淡蓝色，有特殊臭味。与氧气相比，标准状态下其密度更大，为 2.144 克/升，也更易溶于水，其溶解度能够达到氧气的 10 倍。臭氧在液相中的分解速度比在气相中更快，在空气中的半衰期为 16 小时，而在水中的半衰期只有 20 分钟，其在水中的分解反应方程式如下：

$$O_3 + H_2O \longrightarrow H_2O_2 + O_2$$

臭氧在水中分解产物为过氧化氢和氧气，其分解速率主要受温度和 pH 值的影响，温度越高，分解速率越快，当温度达到 270 摄氏度时，它可立即转化为氧气；水的 pH 值越高，分解速率越快。臭氧在水中的氧化还原电位为 $E=2.07$ V，是仅次于氟的强氧化剂，正是这种强氧化性使其成了废水处理的药剂。

臭氧之所以拥有如此强烈的氧化性主要是因为其分子中的氧原子具有强烈的亲电子性。臭氧分解产生的新生态氧原子在水中可形成具有强氧化作用的羟基基团，其可有效去除废水中的污染物，尤其是有机污染物。臭氧与废水中的有机物反应会将有机物的单键或双键转化为羟基或羧基，将其分解为小分子的有机酸、醇、酮等污染性更小的物质。

臭氧氧化技术处理废水的装置主要由臭氧产生设备和气液混合设备两部分组成。由于臭氧极不稳定，所以用于废水处理的臭氧一般都是现场制备的，常用方法就是对空气或氧气进行无声放电，即发生如下反应生成臭氧：

$$3O_2 \xrightleftharpoons{\text{无声放电}} 2O_3$$

气液混合设备是废水中臭氧的接触场所，也是处理过程的发生场所。为了增大臭氧与废水的接触面积，加快反应速率，可以在臭氧进入时将其分解为无数个微小气泡。

在工业废水的处理中，臭氧氧化技术主要用于去除废水中的酚、氰等污染物，去除铁、锰等金属离子，也可用于废水的脱色和除味。

（1）对于含酚废水，臭氧与其中的苯酚会首先反应生成苯二酚和苯醌等中间产物，然后臭氧对苯酚的苯环进行亲电攻击，改变苯环的结构，生成甲酸、己二酸等小分子有机酸，最后其可以转化为二氧化碳和水。这些小分子物质比苯酚的可生化性更好，在后续处理过程中也更容易被去除。

（2）对于含氰废水，含氰废水主要来源于电镀铜、锌、镉的生产过程，向其中加入臭氧，氰会与臭氧发生如下反应：

$$
\begin{cases}
CN^- + O_3 \longrightarrow CNO^- + O_2 \\
H_2O + 2CNO^- + 3O_3 \longrightarrow 2HCO_3^- + 3O_2 + N_2
\end{cases}
$$

由反应方程式可知，臭氧会与氰化物的氰根离子（CN^-）发生氧化反应生成毒性较低的氰酸盐（CNO^-），进一步地，氰酸盐被臭氧氧化为氧气（O_2）和氮气（N_2）。通过臭氧的一系列氧化作用，含氰废水的毒性成分被分解转化，降低了废水的毒性。

（3）对于含有铁、锰等金属离子的废水，臭氧可将其氧化生成难溶的金属氧化物而从废水中沉淀出来，达到去除污染物的目的。例如，对于亚铁离子（Fe^{2+}），其被臭氧氧化时会发生如下反应：

$$2Fe^{2+} + O_3 + 5H_2O \xrightarrow{\hspace{1cm}} 2Fe(OH)_3 \downarrow + O_2 + 4H^+$$

臭氧将亚铁离子氧化为铁离子，铁离子又水解生成氢氧化铁沉淀，水解过程中消耗氢氧根离子，使反应平衡朝正方向移动，有利于沉淀的生成。通过后续处理可将沉淀从废水中去除。

（4）对于废水的脱色处理，有色废水主要产生于印染行业，其色彩主要由发色基团引起，发色基团是一种不饱和官能团，这些官能团可以吸收可见光，重氮、偶氮、羧基等都属于发色基团。臭氧可以使发色基团的双键断裂，使其转化为有机酸和醛类物质，从而失去色彩。对于亲水性染料，臭氧的脱色能力较强，几乎可以做到完全去除，但对于疏水性的染料，则脱色能力较差。

由于臭氧的氧化性很强，所以将其作为氧化剂的氧化技术具有很好的处理效果，尤其是对于一些难降解物质，其去除效果更好，处理效率也较高。同时，在处理过程中不会产生其他有害物质，不存在二次污染的风险。但主要缺点在于臭氧的制备成本较高，目前臭氧制备主要采用无声放电法，用该方法制备一千克臭氧的耗电量为 $20 \sim 35$ 千瓦·时，能耗还是比较高的。所以臭氧氧化技术的发展应聚焦于更低成本的制备方法及应用效率的提高两方面。

4.3.3.2 氯系氧化剂氧化技术

在工业废水处理中，常用的氯系氧化剂有氯气（Cl_2）、次氯酸钠（$NaClO$）及二氧化氯（ClO_2）等，不同的氯系氧化剂在水中会发生不同的反应，但它们都是通过生成次氯酸来氧化废水中污染物的。

（1）氯气。当将氯气通入废水时，会发生水解反应，方程式如下：

$$Cl_2 + H_2O \xrightarrow{\hspace{1cm}} HCl + HClO$$

氯气的水解反应生成盐酸（HCl）和次氯酸（HClO），其中 HClO 是一种弱酸，在水中会发生电离，产生次氯酸根离子（ClO⁻）和氢离子（H⁺）。HClO 和 ClO⁻ 都是较强的氧化剂，且 HClO 比 ClO⁻ 的氧化性更强，它们能够氧化废水中某些特定污染物。HClO 的电离度主要受到溶液 pH 值的影响，pH 值越高其电离度越高。当 pH 值为 3～6 时，水中的氯以 HClO 为主；当 pH 值大于 7.5 时，水中的氯以 ClO⁻ 为主。为了保证最大的氧化效率，应将溶液 pH 值保持在中性偏低的水平。

（2）次氯酸钠。次氯酸钠属于强电解质，在水中会发生电离，生成钠离子（Na⁺）与 ClO⁻，电离方程式如下：

$$NaClO \longrightarrow ClO^- + Na^+$$

水解后生成的次氯酸根离子会氧化污染物。

（3）二氧化氯。二氧化氯是一种非电解质，因此在水中不会发生电离，而是会与水发生反应，生成氯气与次氯酸，反应方程式如下：

$$4ClO_2 + 2H_2O = 2Cl_2 + 3O_2 + 4HClO$$

次氯酸电离生成次氯酸根离子，氯气也会接着与水反应，进一步生成次氯酸和次氯酸根离子，增强对水中污染物的氧化作用。

氯系氧化剂能够用于处理含氰、酚的废水，也可以用于处理含硫废水。

（1）对于含氰废水，氯可以将剧毒的氰化物氧化为毒性较低的氰酸盐，进一步可将氰酸盐氧化为二氧化碳和氮气。

若用氯气作为氧化剂，能将氰根离子氧化为氰酸盐，反应方程式如下：

$$Cl_2 + CN^- + 2OH^- = CNO^- + 2Cl^- + H_2O$$

若用二氧化氯作为氧化剂，则可将氰根离子氧化为二氧化碳和氮气，反应方程式如下：

$$2ClO_2 + 2CN^- = 2CO_2\uparrow + N_2\uparrow + 2Cl^-$$

由以上两个反应可知，氯气只能降低氰化物的毒性，而二氧化氯可将氰化物转化为二氧化碳和氮气而完全去除。

（2）对于含酚废水，氯能够与酚发生反应，氯原子可取代酚羟基，最终破坏酚类化合物的苯环，使其变为小分子的羧酸和卤代化合物，以降低酚类的毒性。但是用氯处理酚类物质可能会生成有毒的氯酚，还会产生强烈的臭味，因此在含酚废水的处理中并不常用氯系氧化剂。

（3）对于含硫废水，氯能将含硫废水中的硫化物氧化成硫酸或硫酸盐。例如，应用氯气处理含硫化氢的废水时，会发生如下反应：

$$H_2S + 4Cl_2 + 4H_2O = H_2SO_4 + 8HCl$$

转化后的硫酸或硫酸盐经过后续的沉淀或过滤可以轻松从废水中分离出去，实现废水中硫化物的去除。

氯系氧化剂具有较强的氧化能力，对废水中的多种污染物具有较好的处理效果，且成本较低。但氯系氧化剂，尤其是液态氯的存储和运输过程都具有一定危险性，并且在处理过程中容易产生二次污染，危害人体健康与环境。

比较臭氧氧化技术与氯系氧化剂氧化技术，总结两者不同点，如表4-1所示。

表4-1　两种氧化技术的比较

不同点	臭氧氧化技术	氯系氧化剂氧化技术
主要作用	去除废水中有机物，对难降解有机物的处理效果好；给废水脱色、杀菌、除异味；提高废水的可生化性	去除废水中的氰、硫化物；一定的脱色、除异味作用

续　表

不同点	臭氧氧化技术	氯系氧化剂氧化技术
反应条件	对水质有一定要求；反应受 pH 值影响大	反应条件容易满足，但受水质影响大
二次污染	不存在二次污染	处理后可能生成有毒的中间产物或使氯离子浓度升高，存在二次污染
应用范围	高色度废水、难降解的有机废水，如印染废水、煤化工废水等	化工、造纸、印染等行业废水，不能处理复杂的工业废水
成本	臭氧制备成本高	药剂成本相对较低

4.3.3.3 铁及其化合物还原技术

还原技术主要用于处理废水中的无机离子，如重金属离子，一般不用于处理有机废水。常用的还原剂就是单质铁（Fe）和硫酸亚铁（$FeSO_4$）等铁的化合物。

单质铁具有较强的还原性，可用于处理汞、铜等重金属污染物。例如，用铁处理含汞废水时，铁可将汞离子还原成汞，其反应方程式为

$$Hg^{2+} + Fe \longrightarrow Hg + Fe^{2+}$$

用亚铁离子处理含铜废水时，亚铁离子可将铜离子还原成铜，方程式为

$$Cu^{2+} + 2Fe^{2+} \longrightarrow Cu + 2Fe^{3+}$$

硫酸亚铁可将废水中毒性较大的六价铬离子还原为毒性较小的三价铬离子。例如，硫酸亚铁处理重铬酸（$H_2Cr_2O_7$）时，会发生如下反应：

$$H_2Cr_2O_7 + 6FeSO_4 + 6H_2SO_4 = Cr_2(SO_4)_3 + 3Fe_2(SO_4)_3 + 7H_2O$$

然后加入氢氧化钙（$Ca(OH)_2$），使生成的硫酸铬转化为难溶的沉淀物，从而便于将其去除，反应方程式为

$$Cr_2(SO_4)_3 + 3Ca(OH)_2 = 2Cr(OH)_3\downarrow + 3CaSO_4$$

还原技术处理重金属离子的基本思想是，将其还原为较低价态的离子以降低其毒性，或使其转化为难溶的沉淀物，再经过后续处理将其从废水中完全去除。

4.4　化学处理技术的优化策略

化学处理技术的核心原理是，通过向废水中加入化学药剂使污染物生成沉淀或气体，从而达到将其从废水中去除的目的。这类方法对污染物的去除效果较好，但由于引入了化学药剂，所以可能会出现新污染或二次污染的现象。对于化学处理技术的优化策略，应从优化化学药剂的选择、注重二次污染的处理和促进资源的回收利用三个方面考虑。

4.4.1　优化化学药剂的选择

化学药剂是实施化学处理技术的关键，也是影响化学处理技术的首要因素。在工业废水的处理中，常用的化学药剂按照功能可分为絮凝剂、氧化剂、还原剂和中和剂。这四类化学药剂的具体种类与用途如表4-2所示。

表 4-2　化学药剂的具体种类与用途

分类		具体种类	用途
絮凝剂	无机絮凝剂	硫酸铝、聚合氯化铝等铝盐；氯化铁、硫酸铁等铁盐	将废水中的胶体颗粒与细小颗粒凝聚成较大的絮体，便于沉淀或过滤分离
	有机絮凝剂	非离子型：聚丙烯酰胺；阴离子型：聚丙烯酸；阳离子型：阳离子聚丙烯酰胺	
	微生物絮凝剂	微生物的代谢产物	
氧化剂		氧气、臭氧、过氧化氢、高锰酸钾、次氯酸钠等	用于氧化废水中的有机污染物，将其分解为小分子物质或无机物质
还原剂		亚硫酸钠、硫酸亚铁等	用于还原废水中的某些高价态的有害物质，降低其毒性或使其形成沉淀
中和剂	酸性中和剂	氢氧化钠、氢氧化钙等	中和废水酸碱度，调节废水 pH 值
	碱性中和剂	硫酸、盐酸等	

　　这些化学药剂在进入废水去除污染物的同时，可能会将新的污染物引入废水中或与废水中某些物质发生反应产生二次污染。为了避免以上问题的出现，使化学处理技术更加符合可持续发展要求，需要积极开发新型化学药剂，使其朝无磷、无毒害、可降解且低成本的方向发展。在实际应用时，应精准计算药剂的使用剂量，选择绿色环保型药剂，同时注重药剂联用增效，即将药剂联合应用，使其发挥协同作用。

4.4.1.1 精准计算药剂的使用剂量

采用化学处理技术处理废水时最需要注意的一点是，精确计算药剂的使用剂量，实现精准用药。若用药过少，则会使处理效果不佳，达不到排放标准；若用药过多，则会造成二次污染。通过详细的水质分析可以确定废水中污染物成分与浓度，从而精准计算化学药剂所需剂量，避免药剂过量或不足。这样既能保证处理效果，又能防止因药剂过量或不足而增加处理成本或产生新的污染。

以絮凝剂为例，聚合氯化铝是一种常用的絮凝剂，它具有适应性强、沉淀能力好的优点，因此受到广泛应用。使用聚合氯化铝时，首先应将其与常温水按照 1 ∶ 3 的质量比混合，再加水稀释到所需要的浓度，废水浓度为 100 ～ 500 毫克 /L 时，加入量为 3 ～ 6 毫克。

4.4.1.2 选择绿色环保型药剂

在很多工业废水的处理中，使用化学药剂是不可避免的，如果用绿色环保型的化学药剂代替传统药剂，可能会大大降低产生二次污染的可能性。例如，对于絮凝剂，微生物絮凝剂就属于绿色环保型药剂，它由微生物产生，已被生物降解，无毒、无污染，不会像金属盐絮凝剂那样在水中残留金属离子，不会对水体产生潜在危害，而且其絮凝效果较好。再如，对于氧化剂，绿色氧化剂是指不含重金属元素，不会释放有毒气体的可催化氧化的化学物质，常用的绿色氧化剂有水溶性过氧化物、自由基氧化物、钛催化氧化物等。

目前对于环保型化学药剂的研究中，多元复合环保型水处理药剂成了热点话题。多元复合型化学药剂是指一种药剂具有多种功能，在处理废水时，它不仅具有净化水质的作用，还能对废水进行中和处理。如果这种药剂能够得到大规模研发与应用，那么将为废水的化学处理开辟新路径。

4.4.1.3 注重药剂联用增效

运用单一药剂来处理含有多种有机污染物的废水时，往往为了达到较好的处理效果而使用很高的剂量，这可能会造成药剂的浪费，还可能因为药剂过量而在处理后的水体中残留过多药剂成分，对水体产生新的污染。此时采用药剂联用的方式，就可以在保证处理效果的同时，减少对单一药剂高剂量使用的依赖，有效规避这些弊端。

药剂联用可以充分发挥每种药剂自身所具备的独特优势，让它们在处理特定对象时相互配合，发挥协同作用。例如，在处理含有多种有机污染物的废水时，可以联合使用氧化剂和催化剂，如芬顿（Fenton）试剂，它由过氧化氢和亚铁离子组成，过氧化氢为氧化剂，而亚铁离子起到催化作用。亚铁离子能够促使过氧化氢发生反应，进而产生具有强氧化性的羟基自由基。这种羟基自由基的氧化能力极强，可以高效地对废水中的有机污染物进行氧化分解，将复杂的有机物逐步分解为较简单的、危害性更小的物质，从而实现对废水的有效处理。这里的亚铁离子与过氧化氢对污染物产生协同去除作用。

4.4.2　注重二次污染的处理

工业废水化学处理技术的一大缺点在于可能会产生二次污染，这不仅会再次降低出水水质，增加处理成本，还会对环境产生损害。化学处理技术的二次污染主要包含两类，一类是化学药剂的残留污染，未参加反应的药剂残留在水中变成了新的污染物。例如，在废水中投加氯气来氧化污染物时，多余的氯会与水中的有机物反应生成卤代有机物，而部分卤代有机物具有很高的毒性。另一类是处理后产生的化学污泥，化学处理过程中往往会产生大量污泥，如化学沉淀产生的沉淀污泥或混凝产生的絮凝污泥等。这些化学污泥中一般都含有高浓度的污染物，包括重金属离子、有机物和化学药剂等。若这些化学污泥未得到有效处置，则会对环境产生更大的危害，因此化学污泥的处理也是实施化学处理技术中需要着重考虑的问题。

对于化学处理技术可能产生的二次污染，需要从处理工艺的优化、二次污染物的实时监测与控制、二次污染物的再处理三个层面减少其产生，或尽可能地降低其产生的危害。

4.4.2.1　处理工艺的优化

优化处理工艺是从源头上减少二次污染产生的方法，从原料、工艺条件到处理工艺的选择都应进行合适的优化。

在原料方面，用绿色、环保、无毒害、可再生、可降解化学药剂代替传统化学药剂，或根据废水中污染物的种类选择不会与其反应生成有毒物质的化学药剂。

在工艺条件方面，化学药剂的效果除了受自身浓度的影响外，与环境条件的关系也是密不可分的。通过调节环境温度、pH值、反应时间等条件，能够使药剂与污染物的反应充分进行，如此污染物在得到有效处理的同时，化学药剂不会因残留而产生二次污染。

选择一种不会产生或较少产生二次污染的处理工艺是降低二次污染危害的有效方法。大部分化学处理技术都是通过添加药剂达到去除污染物的目的的，但也存在不需要添加药剂的技术，如电化学氧化法，它利用直流电的电解反应，使污染物被氧化，从而转化为无害物质。这种技术操作简单，最重要的一点是不需要添加任何化学药剂，因此不会在废水中引入新的污染物，也不会产生二次污染。在工业废水处理领域，电化学技术已经成为一种绿色高效的方法，是推动废水处理技术实现绿色可持续发展的重要途径。

4.4.2.2　实时监测与控制

在废水的处理过程中，二次污染物的浓度等情况往往是无法得知的，因此不能对其做出及时、有效的处理。对此，应建立一个实时监测系统，跟踪处理过程中可能产生的二次污染物，对废水的pH值、电导率、氨氮、总磷、COD、浊度等性质进行实时监测。例如，在化学氧化过程中，监测氧化副产物的生成量。一旦发现二次污染物超标，及时调整处理工艺参数，如改变药剂投加量、反应时间和温度等。

在实时监测系统中加入人工智能，在检测水质的同时对水质进行分析，并根据分析结果提供科学的用药方案，药剂的投放也可实现自动化，这样可以更加精准地确保用药安全。

4.4.2.3 二次污染物的再处理

对于已经产生的二次污染物，应该采用相应的处理方法对其进行有效处置，以降低其危害。化学污泥是由化学处理技术产生的主要废物，常由混凝沉淀工艺中所加的絮凝剂产生，絮凝剂投加位置的不同会导致不同的沉淀模式形成，包括前置、协同和后置。其中后置沉淀是指絮凝剂与废水中污染物生成的沉淀，这部分污泥量大约为

$$S = \frac{Q(\text{SS}_0 - \text{SS}_e) + KD + (\text{DTP}_0 - \text{DTP}_e) + Z}{1\,000} \qquad (4\text{-}14)$$

式中：Q 为设计日平均污水量，立方米 / 天；SS_0 为进水中悬浮物浓度，毫克 / 升；SS_e 为出水中悬浮物浓度，毫克 / 升；K 为药剂转化泥量系数；D 为药剂投加量，毫克 / 升；DTP_0 为进水中总磷浓度，毫克 / 升；DTP_e 为出水中总磷浓度，毫克 / 升；Z 为药剂中固体杂质含量，毫克 / 升。

废水处理产生的化学污泥往往含水率很高，体积也比较大，不利于后续的运输、处理和利用，因此需要对其进行脱水处理，减小其占地面积。通常来说，对于化学污泥的处理共有三种方法，分别为污泥浓缩、污泥脱水与污泥干化。

污泥浓缩是指通过污泥增稠来降低污泥含水率、减小污泥体积的过程，常用的污泥浓缩方法有重力浓缩法、气浮浓缩法和离心浓缩法三种，其中重力浓缩法是应用最广泛的方法，约占 70%，气浮浓缩法应用较少。

污泥脱水是指将流态的污泥脱除水分转化为半固态或固态污泥的过

程，经过脱水后的污泥含水率可降低至 50% ～ 80%。污泥脱水的常用方法有自然干化、石灰稳定和机械脱水等。其中自然干化成本最低，但其持续时间长，脱水效果受气候、环境等因素的影响较大；石灰稳定是向污泥中加入生石灰，生石灰会与污泥中的水分发生反应并释放热量，从而将水分去除，这种方法的经济性和脱水效果都比较好，因此应用较广；机械脱水则利用机械设备对污泥进行脱水，这种方法能够获得更好的脱水效果，只是成本相对较高。

污泥干化是脱水后对污泥进行的深度脱水，是指通过渗透或蒸发等作用将大部分水分去除的过程。污泥经过脱水后，含水率达到 50% ～ 80%，但一般出厂污泥要求含水率为 40% 或更低，因此需要进行进一步的脱水处理，即污泥干化。常用的污泥干化设备有带式干化机、低温真空脱水干化一体机等。

4.4.3 促进资源的回收利用

工业废水中存在多种污染物，这些污染物有时也可作为资源回收利用，促进化学处理技术对废水中有用物质的回收利用是实现可持续发展的有效路径。工业废水中比较重要的一种是重金属废水，多种行业的生产过程中都会排放该种废水，如采矿、电镀、化工等。重金属废水中含有汞、镉、铅、铜、锌等离子或化合物，往往具有较高毒性，但这些重金属离子或化合物是不可再生的稀有资源，因此重金属废水处理的重心已经从污染修复转移至资源回收。

利用化学处理技术回收废水中的重金属资源，不仅可以减轻环境污染，更可以开拓重金属的绿色来源，对实现可持续发展十分有利。

利用化学沉淀法可从废水中回收重金属，但同样会带来二次污染的风险。若要实现重金属资源的清洁化、绿色化回收，前面提到的电化学氧化法是一种更好的选择。但电化学氧化法也需要经过技术改良，传统的电化学氧化法仅能实现废水中重金属的去除，为了在净化废水的同时回收资源，还需要对电化学氧化法进行改进，由此电沉积法产生了。电沉积法是一种以电化学氧化法为基础的废水金属回收技术，当给废水施加直流电时，阳极与阴极分别充当氧化剂和还原剂，重金属离子在阴极被还原，生成金属单质从而沉积下来，或与阴极表面的氢氧根离子反应生成氢氧化物沉淀，无论发生哪种反应，金属都会沉积在废水底部从而实现回收。该方法已经被应用于多种行业，从电镀、印刷、电路制造、镀锌等行业废水中回收金属，实现了废水金属的资源化。

随着科技的发展，基于电沉积法，人们又研发出多种金属回收工艺。常规的电沉积法无法从金属络合物中直接回收金属，且对废水中金属离子浓度有要求。为了解决这些问题，电沉积耦合工艺出现了，它将电沉积工艺与其他技术耦合在一起，从而产生了协同作用，对提高金属的去除率和回收率十分有效。

第 5 章　可持续发展背景下工业废水的生物处理技术与优化

5.1　生物膜技术

5.1.1　生物膜技术的工作原理

生物膜技术是工业废水好氧生物处理技术中比较常用的方法，是利用微生物实现的。微生物附着在某一特定载体上时会在其表面形成一层生物膜，当废水流经该层生物膜时，其中的有机污染物就会被微生物吸附、分解或转化，从而实现废水净化的目的。在利用生物膜技术处理工业废水时，主要包括生物膜的形成、有机物的降解及生物膜的更新三个过程。

5.1.1.1　生物膜的形成

生物膜在固体载体表面的形成过程主要可分为四个阶段，即微生物向载体表面移动；发生可逆的不稳定附着；发生不可逆的稳定附着；微生物生长繁殖形成生物膜。具体形成过程如图 5-1 所示。

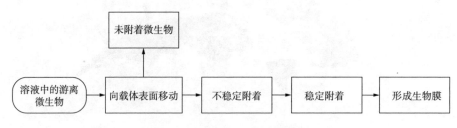

图 5-1　生物膜的具体形成过程

1.向载体表面移动

在溶液中，游离的微生物会通过主动运动和被动运动两种方式向载体表面移动。主动运动是微生物自身进行的运动，动力主要由微生物的鞭毛产生；被动运动是微生物在各种作用力的驱使下进行的运动，主要包括液体分子的布朗（Brown）运动、重力、沉降作用等。

2.不稳定附着

向载体表面移动的一部分微生物没有成功运动到载体表面，而是随着液体流失了。而成功运动到载体表面的微生物会直接吸附在其上，但由于这是吸附的最初阶段，所以吸附力并不十分强，在其他因素的影响下微生物可能会从载体表面脱离，因此该附着也称为可逆附着。

3.稳定附着

存在于载体表面一段时间后，微生物会分泌一些黏性物质，如多糖、蛋白质、脂类等。这些黏性物质可以在微生物细胞与载体表面形成一种黏附层，增强两者之间的结合力，使微生物能够更加稳定地附着在载体上。由于这种附着更稳定，所以微生物不易在外界因素的影响下发生脱离，所以该附着也称为不可逆附着。

4.形成生物膜

在载体表面完成稳定附着阶段的微生物接下来会进行一系列的生长繁殖，从而逐渐形成一层生物膜。生物膜是一个复杂的生态系统，由高度密集的好氧菌、厌氧菌、兼性菌、真菌、原生动物、后生动物及藻类等微生物组成。随着微生物的不断生长繁殖和废水中悬浮物的不断沉积，生物膜的厚度也会不断增加，生物膜结构也会发生变化。自载体向外，可将整个生物膜分为厌氧层、好氧层、附着水层和流动水层，其基本结构如图5-2所示。

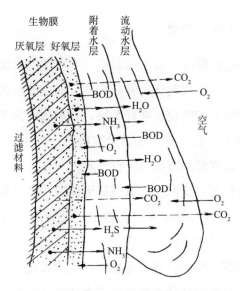

图5-2　生物膜的基本结构

厌氧层是与过滤材料接触及附近的部分，这部分处于整个生物膜的内部，营养物质与氧气供应较差，微生物的生命活动受到阻碍。因此，其中的好氧微生物死亡，只剩下代谢方式为厌氧的兼性微生物和厌氧微生物。好氧层是厌氧层外面的部分，这部分与附着水层接触较紧密，能够轻易获得水中的营养物质和氧气，因此其中的厌氧微生物难以存活，以好氧微生物和代谢方式为好氧的兼性微生物为主。附着水层是位于好氧层外层的部分，这部分主要是由微生物的吸附作用而产生的。由于附着水层直接与生物膜相连，所以其中的大多数有机物被微生物吸附了，导致其有机物浓度很低。与此同时，附着水层中的氧气进入生物膜被微生物消耗，由微生物生命活动产生的二氧化碳等废物排放到水层中，相当于水层与生物膜进行了物质交换（如图5-2所示）。在浓度差的作用下，流动水层的有机物会朝着附着水层移动，最终被微生物吸附。在这一过程中，废水中的有机污染物被生物膜吸附，降低了废水中污染物浓度，达到了净化目的。

5.1.1.2 有机物的降解

当废水通过生物膜时，其中的有机污染物被生物膜吸附。生物膜中的微生物将废水中的有机物作为营养物质，通过分解代谢和合成代谢两种方式对其进行降解和转化。在好氧层，好氧菌发挥主要作用，能够将有机物氧化分解为二氧化碳、水等无害物质；在生物膜内部的厌氧层，厌氧菌会对一些难降解的有机物进行分解。

若生物膜增长到一定厚度，氧气的运输进一步受阻，在无额外氧气补给的情况下，厌氧层的厚度就会增加。厌氧微生物代谢产生的硫化氢、氨气及有机酸等废物会积聚在厌氧层中。但在氧气含量充足时，厌氧层的厚度则是有限度的，厌氧微生物产生的硫化氢和氨气会被以无机物为营养来源的自养菌转化为氮气、三氧化氮、硫酸根离子等，有机酸则会被从有机物中获取碳营养的异氧菌及时转化为二氧化碳和水，以维持生物膜的正常工作。

5.1.1.3 生物膜的更新

当生物膜越来越厚，厌氧层的厚度也增加到一定程度时，厌氧层中的微生物没有足够的营养物质维持生物活动，出现老化或死亡现象，导致微生物对载体表面的附着能力下降。下降到极限后或在外力的作用下，老化的微生物会从生物膜中脱落出来。生物膜中既有微生物的脱落，也有新的微生物附着，不断地脱落和附着的过程也就是生物膜的更新过程。

生物膜的更新对于废水的有效处理具有重要意义。厌氧层太厚会导致生物膜的处理能力下降，废水的处理效果不佳，并且不断累积的厌氧微生物代谢废物可能会造成二次污染。生物膜的更新不仅可以保证生物膜具有较强的处理能力，保证其在废水处理中的长期稳定运行，还可以保证不会对环境造成额外的较大影响。

5.1.2　生物膜中微生物的种类

微生物是实施生物膜技术的关键，可以用作生物膜的微生物有很多种，常见的有细菌、真菌、水生微型动物及藻类等。

5.1.2.1　细菌

细菌是生物膜中主要的微生物种类，对有机物的氧化分解起到主要作用，细菌可分为好氧菌、厌氧菌及兼性菌，常见的好氧菌有硝化细菌、假单胞菌属、芽孢杆菌属、球衣菌属等；厌氧菌有反硝化细菌和产甲烷菌；兼性菌有肠杆菌属等。

好氧菌只在有氧环境中存活。硝化细菌包括氨氧化细菌和亚硝酸氧化细菌，在好氧条件下，它能将氨氮氧化为亚硝酸盐，再进一步将亚硝酸盐氧化为硝酸盐。硝化细菌对于去除废水中的氮元素起到关键作用，可有效降低废水中的氨氮含量。假单胞菌属是生物膜中常见的一种细菌，具有较强的适应性和代谢能力，能够利用多种有机污染物作为碳源和能量进行生物活动，对废水中的有机污染物能起到良好的代谢转化作用。芽孢杆菌属是好氧环境中的优势菌种之一，能分泌多种酶类，对蛋白质、淀粉等大分子有机物具有较强的降解能力，在减少有机物浓度的同时能提高废水的可生化性。球衣菌属是一种丝状菌，对有机物也具有较强的降解能力。

厌氧菌只在缺氧条件下生存。反硝化细菌与硝化细菌相反，它可以将硝态氮转化为气态氮，因此可将废水中的亚硝酸盐或硝酸盐转化为氮气排出，以实现废水的脱氮处理。而产甲烷菌，顾名思义，可以将废水中的有机物转化为甲烷和二氧化碳，以降低废水中有机物浓度。

兼性菌在有氧或无氧情况下都能进行正常的生命活动，可以根据环境中氧含量调整其代谢方式，因此在好氧层和厌氧层中都有兼性菌。

5.1.2.2 真菌

真菌在生物膜中同样比较常见，就全部真菌来说，根据其形态学可以分为酵母菌、丝状真菌和双相真菌三种，在生物膜中起作用的主要是酵母菌和丝状真菌。酵母菌能够利用废水中的有机物进行发酵，产生乙醇、二氧化碳等物质，这降低了废水中的有机物浓度。另外，酵母菌具有较强的耐酸性和耐渗透压能力，因此在一些酸性或高浓度有机废水的处理中也能够发挥作用。

丝状真菌对生物膜技术处理废水有两方面作用。一方面，它可以分泌多种酶，这些酶对有机物具有较强的降解能力，对木质素、纤维素等复杂有机物同样适用，因此能够处理含有大量复杂有机物的工业废水，降低其中的有机物浓度。另一方面，丝状真菌的菌丝可以相互交织形成网状结构，这种结构能够为生物膜提供一种稳定的框架，使生物膜的结构更加紧凑，在水流冲击等外界因素的作用下，微生物仍然能存在于生物膜上。对有机物的降解能力，以及对生物膜的稳定能力使丝状真菌在废水处理中发挥着重要作用。

5.1.2.3 水生微型动物

微型动物是指一些体型较小的动物。最小的是单细胞动物，也称为原生动物，如纤毛虫、钟虫、等枝虫、独缩虫；然后是多细胞动物，也称为后生动物，如轮虫、线虫等；最后是部分肉眼可见的微型动物，如蠕虫和昆虫的幼虫等。其中原生动物占主要部分，且纤毛虫是原生动物中的主要种类。这些水生微型动物对生物膜技术处理废水有以下两种作用：

1. 对废水的净化作用

水生微型动物对废水中的污染物具有直接净化作用。在生物膜中，原生动物主要以细菌为食，能够去除废水中的细菌和有机物颗粒，有助于废水净化。例如，鞭毛虫能吸收废水中的溶解性有机污染物，变形虫能吸收有机物颗粒。

2. 对生物膜的指示作用

这一作用是水生微型动物起到的主要作用。微型动物具有以下几个特点：数量十分庞大，最多时每毫升水体中超过 10 万只；相比于微生物，微型动物的体积更大，在显微镜下能够被轻松观察到；与细菌相比，耐毒性更弱，所以对于一些微小的毒性也会表现出明显变化；对环境敏感，当环境发生变化时，微型动物的种群结构、数量、活动也会随之改变。以上四个特点使微型动物成为最好的生物膜指示标志。

总体来说，水生微型动物主要存在于生物膜的好氧层，微型动物的出现标志着生物膜的成熟。单独来讲，原生动物的种类特点能够反映生物膜的运行情况，运行初期，微生物刚刚附着在载体表面，因此其中的原生动物以豆形虫等游泳型纤毛虫为主，运行成熟阶段则会出现钟虫、等枝虫、独缩虫等固着型纤毛虫。另外，通过原生动物种类还能判断生物膜对废水的处理效果。例如，若纤毛虫占主要地位，则表明处理效果较好；相反，若鞭毛虫和根足虫大量出现，则表明处理效果下降。后生动物对生物膜的处理效果也具有指示作用，后生动物主要以原生动物为食，因此在生物膜中出现较晚，且后生动物常见于溶解氧充足的环境中，因此若生物膜中出现轮虫、线虫等后生动物，则说明水中有机物含量较低，对废水的处理效果较好。另外，原生动物的生命活动还可以帮助松动生物膜，促使微生物脱落以防止生物膜过厚，有助于保持生物膜良好的透气性和传质性能。

除了原生动物与后生动物，一些体型较大的微型动物对生物膜也能起到积极作用，滤池蝇就是其中比较典型的一种昆虫。滤池蝇从产卵、幼虫、成蛹到成虫这一系列过程都是在滤池中完成的，它们栖息在滤池周围，以微生物和生物膜中的有机物为食，这一行为能够有效抑制生物膜的增长，防止生物膜过厚，因此滤池蝇也被称为生物膜增长控制者。

5.1.2.4 藻类

藻类在生物膜中出现较少，但也具有一定的潜力。藻类能够利用废水中的氮、磷等营养物质进行光合作用，产生氧气，为生物膜中的好氧微生物提供生存条件，促进好氧微生物的生长和代谢，从而增强废水的处理效果。此外，藻类还可以吸收废水中的有机物，降低废水的有机污染程度。但藻类的生长需要一定的光照条件，并且藻类过量繁殖可能会导致生物膜过度增长，影响处理系统的正常运行，因此需要对藻类的生长进行合理的控制。

从生物膜整体来看，从顶部到底部的微生物呈低级到高级分布，种类由少至多，数量由多变少。生物膜顶部的微生物以细菌为主，不存在或存在数量很少的原生动物，这部分营养物质比较丰富且氧气含量充足，因此生物膜最厚，但流经该部分的废水污染物浓度也最高；在生物膜中部，污染物浓度下降，微生物依旧以细菌为主，但原生动物的数量也在逐渐增多；生物膜底部的微生物以原生动物为主，细菌数量则大大减少，生物膜最薄。生物膜中微生物对生存环境的适应产生了生物膜的分层，对于处理不同废水的生物膜来说，可能具有不同的分层特征，且每层中微生物的种类也可能发生变化。例如，在处理毒性较大的废水时，为了适应环境会有不同特征的微生物存活下来，微生物分层现象与处理功能的变化也更加明显。

5.1.3 生物膜技术废水处理效果的影响因素

生物膜技术废水处理效果的影响因素可分为三个方面，分别为生物膜本身特性、进水水质条件及环境条件。

5.1.3.1 生物膜本身特性

生物膜本身特性包括生物膜的厚度、活性及载体的相关性质，这些都是影响处理效果的直接条件。

1. 生物膜的厚度、活性

生物膜的厚度需要保持适中。生物膜过薄说明微生物数量不足，会导致有机物的降解效率低；而生物膜过厚，其内部的厌氧层厚度也会随之增加，这会造成 NH_4^+、CH_4、H_2S 及有机酸的积累，影响生物膜的活性和微生物在载体表面的附着程度，甚至导致生物膜的异常脱落，降低处理效果。生物膜的活性相当于众多影响因素的集中体现，微生物的种类、生长状态、代谢能力，环境的温度、pH 值等都会对其产生影响。但生物膜的处理效果主要由生物膜的活性决定，其是最重要的直接因素。

2. 载体的相关性质

微生物附着在载体表面形成生物膜，所以载体的相关性质决定着微生物在其上的附着能力和代谢能力。载体的相关性质包括比表面积、表面性质、密度与孔隙率。载体的比表面积越大，可供微生物附着的面积就越大，越有利于生物膜的形成和增长，这能在一定程度上增强处理效果。亲水性好的载体表面易于微生物吸附，有利于生物膜的形成。载体的密度应与水接近，这样可以在反应器中保持良好的流化状态，提高传质效率。孔隙率高的载体有利于氧气、营养物质和代谢产物的传递，促进生物膜的增长和代谢。

5.1.3.2 进水水质条件

进水也就是指待处理的废水，其水质条件主要包括污染物浓度、营养物质与有毒物质三个方面。

1.污染物浓度

生物膜技术主要用于处理有机废水，除此之外还可以用于去除废水中的氨氮，前者的目标污染物为有机物，后者的目标污染物则为氨氮。污染物的浓度是影响生物膜技术废水处理效果的重要因素，对于有机废水来说，有机污染物的量通常用 BOD_5 表示，该值代表有机物分解五日的生化需氧量。根据 BOD_5 可以计算出废水的有机负荷，这是描述生物膜工作性能的一个重要指标，其计算公式为

$$q_{os} = \frac{Q \cdot (C_0 - C_1) \times 10^{-3}}{A} \qquad (5-1)$$

式中：Q 为废水流量，立方米 / 天；C_0 为进水 BOD_5 质量浓度，毫克 / 升；C_1 为出水 BOD_5 质量浓度，毫克 / 升；A 为滤床面积，平方米。

进水的有机负荷会影响生物膜的生物量和处理能力。如果有机负荷过高，微生物生长繁殖过快，可能会导致生物膜过度增长，堵塞载体间隙，影响传质和处理效果；如果有机负荷过低，微生物缺乏足够的营养物质，生物膜的增长会受到抑制，处理效果也会降低。氨氮与有机物一样，都是微生物可利用的物质，因此具有同样的作用。

2.营养物质

营养物质是微生物维持生命并进行代谢活动的必要条件，营养物质的含量直接影响微生物的活性，进而影响废水处理效果。除了营养物质含量需要达到要求以外，每个种类的比例也应达到相应要求。微生物生长需要一定比例的碳、氮、磷等营养物质。例如，在好氧处理中该比例为 BOD_5 ：N ：P=100 ：5 ：1（BOD_5 表示碳、N 表示氮、P 表示磷），在厌氧处理中该比例为 COD ：N ：P=(200 ～ 300) ：5 ：1。若进水中营养物质比例失调，则会影响微生物的生长和代谢，从而降低生物膜技术的废水处理效果。

对于工业废水，营养物质的种类和比例往往都是达不到要求的，因此在采用生物膜技术处理时需要向其中添加适当的营养物质，以满足微

生物的生长和代谢需要。

3.有毒物质

工业废水中污染物的种类众多，除了生物膜作用的目标污染物外，可能还含有重金属、有机溶剂、抗生素等物质，这些物质会对微生物产生毒害作用，因此对于微生物来说属于有毒物质。由于微生物具有一定耐受度，因此低浓度的有毒物质不会对微生物产生明显影响，甚至一些低浓度的重金属会促进微生物的生长和代谢。但高浓度有毒物质对微生物的影响是巨大的，它会抑制微生物的活性甚至致其死亡。例如，重金属会使蛋白质变性导致微生物死亡，这会严重降低生物膜的处理能力。

影响有毒物质毒性的因素有很多，对于同一种物质，在不同条件下，可能会产生不同的毒性。不同种类的微生物对有毒物质的耐受度也不相同，因此需要根据废水成分和微生物特性来设计生物膜。

5.1.3.3 环境条件

影响生物膜技术废水处理效果的环境条件因素有很多，主要包括温度、pH 值、溶解氧、水力条件四种。

1.温度

温度对微生物的影响是多方面的，主要表现为影响酶活性，影响细胞膜的流动性，影响营养物质的吸收与代谢产物的分泌，影响物质的溶解度。每种微生物都有其最适宜生长和代谢的温度，在适宜的温度范围内，微生物的代谢速率和酶活性较高，生物膜的增长和有机物的降解速度也较快。对于嗜热微生物来说，适宜温度为 45 摄氏度以上；对于嗜温微生物来说，温度在 20 ～ 45 摄氏度时生长最快；对于嗜冷微生物来说，不超过 20 摄氏度的温度最适宜。一般来说，生物膜反应器在 15 ～ 35 摄氏度的温度范围内运行最为有效，温度过低或过高都会降低处理效果。

在适宜的温度范围内，温度越高微生物的代谢越快，每升高 10 摄氏度，生化反应速度就提高 1 ~ 2 倍，因此适度地提高温度是提升处理效果和效率的有效方法。通常情况下，生物膜技术都是在常温下进行的，其内部温度不小于 5 摄氏度，若环境温度过低，则需要采取升温措施保证微生物的活性。

2.pH 值

废水的 pH 值会影响微生物细胞膜所带电荷，从而影响其对营养物质的吸收。pH 值还会通过影响酶的电离形式而改变酶的催化性能。与温度相同，不同的微生物对 pH 值的适应范围不同，大多数微生物在 pH 值为 6.5 ~ 8.5 的中性或弱碱性环境中生长良好。如果 pH 值过高或过低，会影响微生物的活性和酶的催化效率，从而影响生物膜对有机物的降解效果。

在用生物膜技术处理废水时，应根据废水情况判断是否需要对其 pH 值进行调节，确保 pH 值在微生物的适宜范围内，以保证生物膜的处理能力。如果进水的 pH 值是动态变化的，那么还需要进行废水的预处理，通过设置调节池或中和池来均衡废水 pH 值，避免 pH 值变化过大对微生物造成不利影响。

3. 溶解氧

溶解氧是维持生物膜中好氧微生物生存的关键因素。对于好氧生物膜技术，需要保证足够的溶解氧供应，以满足微生物的呼吸和代谢需求。如果溶解氧不足，好氧微生物的活性会受到抑制，有机物的降解效率会降低，这可能会导致兼性微生物或厌氧微生物的大量繁殖，它们对有机物的分解并不彻底，会进一步降低处理效果。过高的溶解氧则会导致微生物代谢增强，但营养物质相对缺乏，这可能会造成生物膜的过度氧化，甚至脱落。

4. 水力条件

水力条件主要是指废水的停留时间、流速及混合程度等。废水停留时间过短，废水与生物膜的接触时间不足，会导致有机物来不及被充分降解；废水停留时间过长，虽然有利于有机物的降解，但会降低处理系统的效率和处理能力。合适的流速和混合程度可以保证生物膜与废水中的有机物充分接触，增强处理效果。

废水的流量也是一个比较重要的因素。在生物膜的处理能力范围内，增加流量相当于增加有机物，这会促进微生物的代谢，导致生物膜厚度增加。在这种情况下，即便处理效果有所下降，但仍能保持在一个较高水平。如果流量超出了生物膜的处理能力，废水与生物膜的接触时间随之变短，如此流经的废水将得不到完全处理。随着流量增大，水流对生物膜的冲刷力也会增大，微生物从生物膜上脱落的可能性就会加大。这些因素都会导致生物膜的处理能力下降。

由废水流量可计算出一个重要的参数——水力负荷，它是反映生物膜工作性能的另一个重要指标，其计算公式为

$$q_{hs} = \frac{Q}{A} \qquad (5-2)$$

式中：Q 为废水流量，平方米 / 天；A 为滤床面积，平方米。

水力负荷的大小取决于废水的水质和过滤材料种类，几种常见生物膜技术的设计水力负荷如表 5-1 所示。

表 5-1　几种常见生物膜技术的设计水力负荷

生物膜技术	设计水力负荷（立方米·（平方米·天）⁻¹））
低负荷生物滤池	1～5
高负荷生物滤池	9～40
塔式生物滤池	90～150
生物转盘	0.1～0.2

5.1.4　生物膜反应器的类型

生物膜技术的主要设备是生物膜反应器，它是废水处理的发生场所。

根据生物膜反应器中载体的状态，可以将其分为固定床和流动床两种。固定床是指载体是固定不动的，反应器中各部分的相对位置不会发生变化；而流动床是指载体不固定，处于连续流动的状态，反应器中各部分的相对位置也会随之变化。固定床和流动床又可分为多种类型，具体如图5-3所示。

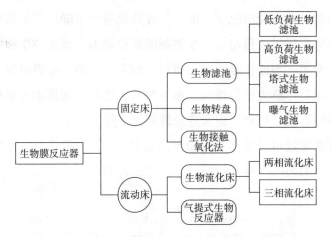

图 5-3　生物膜反应器的类型

5.1.4.1 生物滤池

生物滤池是比较常见的生物膜反应器，属于固定床的一种，它是以碎石或塑料制品等材料为填料的废水处理构筑物。当废水流经过滤材料表面时，微生物会分解其中的有机污染物，将其转化为二氧化碳、水等无毒物质，达到废水净化的目的。

1.生物滤池的结构

生物滤池主要由滤床、滤池、布水设备及排水设备四部分组成。

（1）滤床。滤床，也就是微生物的载体，主要由过滤材料组成。在生物膜技术废水处理效果的影响因素中曾提到载体对处理效果的影响，包括比表面积、表面性质、密度与孔隙率。因此，在设计滤床时应充分考虑这些影响因素，并综合水力负荷与有机负荷等条件，保证滤池在满足机械强度且能承载一定压力的条件下，具有最小的质量、最大的比表面积与孔隙率。此外，选择的过滤材料应能够抵抗废水、空气和微生物的侵蚀，也不能含有损害微生物生存的物质。同时，由于需求量较大，为了避免成本过高，过滤材料的价格也不宜过高。

生物滤池中常用的过滤材料有碎石、卵石、焦炭等，近年来人们也常用聚氯乙烯、聚乙烯、聚苯乙烯等塑料制品作为过滤材料，这些塑料制品具有较大的比表面积（100～340平方米／立方米）与孔隙率（90%以上），有助于微生物的生长和处理效果的提升。滤床的高度范围为1～6米，一般为2米。

（2）滤池。滤床存在的场所为滤池，滤池主体位于滤床周围，主要起到阻挡过滤材料的作用，其上有许多孔隙，这些孔隙用于滤床的内部通风。一般来说，池壁顶应高于滤床0.5～0.9米，通风孔的总面积不小于滤池表面积的1%。

（3）布水设备。布水设备是将废水均匀地分布在过滤材料表面的装置，主要包括固定式布水设备与旋转式布水设备。固定式布水设备是通过管道与喷嘴完成废水分布的，这种布水方式比较简单，但设备维修比较困难。旋转式布水设备是由竖直放置的进水管道和可转动的布水横管组成的，废水从池底的进水管道进入，再由布水横管上的小孔喷出。由于布水横管绕着池心旋转，所以能够将废水均匀地分布在过滤材料表面。这种布水方式均匀性好，能够适应较大的水量变化，设备也便于检修，但它的结构相对复杂，对于设备的制造和安装精度要求较高，为了能覆盖整个滤池，需要对其安装高度进行计算。

（4）排水设备。排水设备的主要功能是将处理好的废水排出滤池，同时保证滤池具有良好的通风和支撑过滤材料。由于其排水作用，因此排水设备通常布置于滤池底部，由排水渠及排水口构成。排水渠用于收集经过生物膜技术处理后的废水，并将其引导至排水口。它通常围绕滤池底部一周或在滤池底部特定位置设置，以确保废水能够顺利汇聚到排水渠中。排水渠的设计要保证有足够的过水断面，以便废水能够快速、顺畅地排出，避免积水影响生物滤池的正常运行。同时，排水渠要具备一定的坡度，以便废水能够依靠重力自然流动。排水口用于废水排出，一般设置在池壁的一侧或数侧，具体位置根据滤池的设计和实际需求确定。设置多个排水口可以保证排水的均匀性和稳定性，避免局部排水不畅的情况发生。

以上是生物滤池的基本结构，不同类型的滤池可能在其基础上进行了不同改进。随着工艺的发展，在低负荷生物滤池的基础上，根据具体需求，多种类型的生物滤池产生了，包括高负荷生物滤池、塔式生物滤池和曝气生物滤池，每种生物滤池的处理流程也不尽相同。

2.低负荷生物滤池

该种生物滤池是最早期的生物滤池，其处理流程如图 5-4 所示。

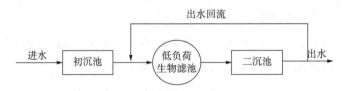

图 5-4　普通低负荷生物滤池处理流程

由图 5-4 可知，普通低负荷生物滤池由初沉池、生物滤池和二沉池构成，初沉池主要用于废水的预处理，即去除其中的大颗粒悬浮物；生物滤池用于处理废水；二沉池用于将脱落在废水中的微生物分离出来。由于低负荷生物滤池负荷较低，因此进水的 BOD_5 应控制在 200 毫克/升以下，若超过该值，则需要设置出水回流，以稀释进水的有机物浓度。

该种生物滤池能够承受的有机负荷较低，通常不大于 0.4 千克/（立方米·天），水力负荷也比较低，要处理一定量的废水就需要较大的面积。另外，过滤材料容易出现堵塞现象。但是它的优点在于，处理效果很好，出水水质比较稳定，BOD 去除率能达到 80% ～ 95%。

3.高负荷生物滤池

高负荷生物滤池是在普通低负荷生物滤池基础上改进而来的，通过限制进水的 BOD 并采取出水回流等措施增大了有机负荷和水力负荷，并减小了占地面积。高负荷生物滤池同样是由初沉池、生物滤池及二沉池组成的，其处理流程如图 5-5（a）所示，其中某些结构将生物滤池部分分成一次滤池和二次滤池，其处理流程如图 5-5（b）所示。高负荷生物滤池进水的 BOD 应控制在 300 毫克/升以下，否则应加设出水回流。

（a）　简单高负荷生物滤池

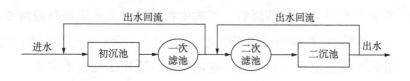

（b）　复杂高负荷生物滤池

图5-5　高负荷生物滤池处理流程

如图 5-5（a）所示的处理流程适用于处理污染物浓度不太高的废水，对于污染物浓度高或出水水质要求高的废水，则选用如图 5-5（b）所示的处理流程，由于其需要两个生物滤池，所以处理成本大大增加了。

高负荷生物滤池能承受的水力负荷和有机负荷都比较高，能达到普通滤池的 6 ～ 8 倍，因此处理效率很高，它能在短时间内处理大量废水。

同时，高负荷生物滤池占地面积相对普通低负荷生物滤池要小很多。但是由于其水力负荷高，废水在滤池中停留的时间较短，所以处理效果比普通低负荷生物滤池差，BOD 去除率仅为 75% ～ 85%。

4. 塔式生物滤池

塔式生物滤池同样改进了普通低负荷生物滤池的不足，主要体现于增大了负荷，减小了占地面积，并增强了通风供氧。该生物滤池的主体是一个高耸的塔体，直径与高度之比为 1/8 ～ 1/6，高度为 8 ～ 24 米，这种塔式结构能够大大减小生物滤池的占地面积，还能够增强滤池内部的通风，为微生物的生长提供充足的氧气支持。塔内为分层结构，每层设置格栅并放置轻质过滤材料，这种分层设计可以更好地分配过滤材料的质量，同时有利于废水在不同高度的滤料层中的处理。塔式生物滤池在增大了水力负荷的同时使池内水流紊流更加剧烈，废水自塔顶滴落，超高的高度使其在重力的作用下形成了较强的水流冲击力。废水与生物膜及自下向上流动的空气充分接触，加快了传质速度和生物膜的更新速度，有利于有机污染物的降解。塔式生物滤池的工艺流程与前两种相似，其进水的 BOD 应控制在 500 毫克 / 升以内，否则应加设出水回流。

塔式生物滤池负荷较大且占地面积小，适用于处理浓度较高的废水，但处理效果不及低负荷生物滤池，对于城市污水，BOD 去除率为 65% ～ 85%。

5. 曝气生物滤池

该种生物滤池是生物氧化和过滤相结合的生物滤池，它采用人工曝气、间歇性反冲洗等措施完成有机污染物和悬浮物的去除。曝气生物滤池的主体是一个装满粒状过滤材料的池子，废水从上而下流过过滤材料时，空气通过曝气系统从底部进入，为过滤材料中的微生物提供好氧环境。在微生物的作用下，污染物得到降解，同时粒状过滤材料有一定的过滤作用，能够去除废水中部分大颗粒悬浮物，实现生物氧化和过滤的双重效果。

曝气生物滤池能够处理多种废水，根据污染物种类的不同，曝气生物滤池可分为碳氧化滤池、硝化滤池、后置反硝化滤池、前置反硝化滤池等，它们可以是单级曝气生物滤池，也可以是多级曝气生物滤池。例如，在去除废水中的含碳有机物时，曝气生物滤池为碳氧化滤池，多为单级曝气生物滤池，其处理流程如图5-6所示。

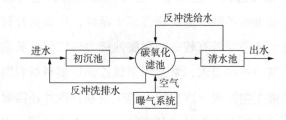

图5-6　碳氧化滤池处理流程

曝气生物滤池不仅能去除废水中的有机污染物，还能过滤掉大部分的悬浮物，因此其出水水质较好，并且它的占地面积小，抗冲击负荷能力也较强。但是，它对进水中的悬浮物有一定要求，悬浮物浓度一般不能超过60毫克/升。曝气生物滤池的处理流程中一般都需要设置反冲洗流程，以除去滤层中累积的悬浮物并更新生物膜，但在此过程中水力负荷会短时间内升高，从而对初沉池造成较大的冲击。

5.1.4.2　生物转盘

生物转盘实质上是一种转盘式的生物滤池，其工作原理与生物滤池相同。由于其特殊的结构与形状，生物转盘的运行十分稳定，动力消耗也比较低，它适用于中小型废水处理厂，对生物废水和印染、石油化工等部分工业废水具有良好的处理效果。

1. 生物转盘的结构

生物转盘主要由盘片、接触反应槽、转轴和驱动装置组成。工作时，驱动装置使盘片缓慢转动。当盘片的一部分浸入废水时，微生物会吸附废水中的有机污染物；当这部分转出水面时，微生物就会从空气中获取氧气，进行分解代谢，如此反复。

（1）盘片。盘片是生物转盘的核心部分，相当于生物滤池中的滤床，主要被用作微生物的载体。众多盘片被串联在水平轴上，并且大部分浸没在接触反应槽的废水中，这部分占比能够达到盘片全面积的45%～50%。由于水平轴上需要安装多个盘片，所以盘片材料的质量应尽可能轻，盘片还需要具有较高的耐腐蚀能力，以保证长期在废水环境中稳定运行。基于这些要求，常选用聚氯乙烯等塑料材料制成盘片。此外，为了便于微生物附着，形成较大的生物膜，盘片还需要有较大的表面积。盘片通常为圆形薄板状，其直径为 2 ～ 3 米。同一水平轴上的盘片之间应保持一定间距，间距过小会导致通风不畅、容易堵塞；间距过大则会降低盘片的有效表面积。一般将其设计为 20 ～ 30 毫米，这样可以保证盘片在转动时互不干扰，并且废水能在盘片之间顺利流动。

一条水平轴上可能同时安装 100 ～ 200 个盘片，因此盘片在轻质的同时应具有一定的强度，以防止发生变形，必要时可以增设支撑加固装置。在保证强度要求的条件下，盘片的厚度应尽量小，否则转盘尺寸将过大，一般设计为 1 ～ 15 毫米。

（2）接触反应槽。接触反应槽是存放废水和盘片的装置，相当于生物滤池中的滤池，微生物在其中吸附并降解有机污染物。接触反应槽既可以用钢板制成，也可以用钢筋混凝土搭建。其形状一般为矩形，尺寸大小根据处理废水的规模等因素确定，但其直径需大于盘片直径。废水在槽内的深度通常要保证盘片有足够的浸没面积，以使盘片上的微生物能够充分接触废水中的有机污染物，一般浸没率为 40% ～ 50%。

（3）转轴。转轴就是安装盘片的水平轴，一般由碳钢制成。由于其上安装了众多盘片，且盘片还会转动，因此转轴需要具有足够的强度和刚度，以承载盘片并支撑其转动。为了满足这些要求，转轴的长度应控制在 0.5 ～ 6.0 米，转轴的直径一般为 30 ～ 50 毫米，具体根据盘片确定。

（4）驱动装置。驱动装置用于带动盘片的旋转，从而使盘片能够在浸没于废水和暴露于空气之间交替。驱动装置首先需要保证盘片的转速适中，一般保持在 0.8 ～ 3 转 / 分，转速过快会导致盘片上的生物膜因受到过大的剪切力而脱落，转速过慢则会使盘片的交替频率降低，使微生物吸附污染物和获取氧气的效率下降。驱动装置的数量应根据生物转盘的规模确定，对于大型生物转盘，一套驱动装置仅负责一个转盘；对于中小型生物转盘，一套驱动装置可同时驱动多个转盘。

2. 生物转盘的处理流程

生物转盘在去除废水中 BOD 时，其处理流程主要包括初沉池、生物转盘及二沉池三部分，如图 5-7 所示。初沉池对进水进行预处理，去除废水中的沙粒、石子等较重物质，并初步去除废水中的悬浮物和部分有机物，以减轻后续生物处理的负担。生物转盘则通过吸附—氧化循环处理废水，去除其中的有机污染物。二沉池可以将处理后废水中的生物膜分离出来，在重力和盘片转动的剪切力及其他力的作用下，生物膜可能会脱落，通过二沉池可以将其从处理过的废水中分离出来，以确保出水水质达到要求。

图 5-7 生物转盘处理流程

若废水中不只存在 BOD，还存在含碳、氨、氮、磷等有机污染物，生物转盘不仅需要去除 BOD，还需进行硝化、除磷、脱氮的过程。此时的生物转盘处理流程如图 5-8 所示。

图 5-8　含碳、氨、氮、磷废水的生物转盘处理流程

生物转盘还可与其他处理工艺组合，以达到更强的处理效果，提高出水水质。例如，与曝气生物滤池组合，其处理流程如图 5-9 所示。

图 5-9　生物转盘与曝气生物滤池组合的处理流程

3.生物转盘法的优势

生物转盘法是一种生物膜技术，其独特的结构和处理流程使它在处理效果、运行管理、能耗成本等多个方面具有显著的优势，并逐渐在城市污水和工业废水的处理中得到广泛应用。生物转盘法的优势主要体现于以下五点：

（1）处理成本低、效果好、效率高。生物转盘的吸附—氧化工作流程使其不需要设置曝气装置，也不需要污泥回流，仅需要驱动装置带动盘片转动，因此动力消耗很低。其设备结构也比较简单，无论在运行方面还是在能源消耗方面，都具有较低的成本。生物转盘对废水中的有机污染物具有很好的去除效果，并且能在一定范围内适应水质变化，其抗冲击负荷能力较好。另外，生物转盘能在较短的接触时间内达到不错的处理效果，说明其处理效率较高。

（2）具有脱氮、除磷功能。随着处理时间增加，生物转盘的盘片上会出现硝化细菌等，可实现硝化、反硝化过程。因此，该方法不仅对含碳有机废水有效，还对含氮、磷、氨的废水有效。向接触反应槽中投放絮凝剂，也能够有效去除废水中含有的磷。

（3）产生的污泥量少。生物转盘法的生物膜上存在多种微生物，能够形成比较成熟的食物链，因此产生的污泥量较少。即便产生污泥，其含水率也比较低，且沉淀速度快，易沉淀分离和脱水干化，便于后续的污泥处理。

（4）可应用范围广。应用范围体现于多个方面，包括废水浓度、种类及污染物种类三个方面。生物转盘法对高浓度和低浓度废水都适用，上至 BOD 达 10 000 毫克 / 升以上的超高浓度有机废水，下至 BOD 为 10 毫克 / 升以下的超低浓度废水。无论是城市污水还是工业废水，抑或是含有不同种类的有机污染物的废水，都可以利用该方法处理。

（5）无噪声和其他二次污染。生物转盘法对环境十分友好，不会产生噪声和其他二次污染。生物转盘在运行过程中不会产生明显的噪声干扰，并且一个设计合理、运行正常的生物转盘不会产生滤池蝇等微型动物，也不会出现泡沫，因此不会产生二次污染，对周围环境的影响很小。

5.1.4.3　生物接触氧化法

生物接触氧化法实质是对曝气生物滤池的一种改进，它在曝气池中设置填料并使其完全浸没于废水中，微生物附着在填料上形成生物膜。当废水流经填料时，微生物会吸附并降解其中的有机污染物，达到废水净化的目的。曝气池下方的曝气装置会为生物膜中的微生物提供氧气以维持其代谢活动。

1. 生物接触氧化池的结构

生物接触氧化池是实施生物接触氧化法的装置，它主要由池体、填料与支架、曝气装置、布水装置和出水装置构成。

（1）池体。池体是生物接触氧化池的主体结构，主要用于容纳待处理的废水，并为填料、布水装置、曝气装置等提供空间。当池体容积较小时，可采用圆形钢结构；当池体容积较大时，一般采用矩形钢筋混凝土结构。池体厚度根据结构强度要求确定，高度则由填料、布水布气层、稳定水层及超高的高度共同决定。一般池体的有效深度应设置为4～5米。总体来说，其平面尺寸需满足布水、布气均匀，以及填料安装、维护管理方便等多方面要求。

（2）填料与支架。填料是微生物附着的场所，微生物在其表面聚集形成生物膜。填料相当于过滤材料，因此对其要求也与过滤材料相同，如比表面积大、孔隙率高、轻质、强度高等。常见的填料有悬挂式填料、悬浮式填料和固形块状填料等，具体包括由聚氯乙烯塑料、聚丙烯塑料、环氧玻璃钢等做成的蜂窝状和波纹板状填料。

支架是用于支撑填料的装置，能够确保填料在池内的稳定性和均匀分布。因此，支架的材料应具有足够的强度和耐腐蚀性。

（3）曝气装置。曝气装置对微生物、废水及填料都有一定的积极作用，主要表现于为微生物提供充足的氧气，以保证其正常的生长代谢；搅拌废水形成紊流，使废水能够与生物膜充分接触，提高传质效率；进入废水中的气泡能够将填料间的悬浮物去除，防止填料堵塞，还能使老化的生物膜脱落，促进生物膜的更新。

曝气装置在池体中的位置可以是池中心，称为中心曝气；也可以是填料两侧，称为侧面曝气。常用的曝气装置包括鼓风供气装置、表曝机、水力喷射供气装置等。鼓风供气装置由鼓风机、输气管道和曝气器等部件组成；表曝机常用于中心曝气型接触氧化池；水力喷射供气装置由循环泵、管道、导流筒和射流曝气器等部件组成，适用于低有机负荷的中小型污水处理站或对环境噪声有较高要求的场所。

（4）布水装置和出水装置。布水装置用于将废水均匀分布，确保废水能均匀地流经填料，以获得较好的处理效果；出水装置用于收集处理后的废水并将其排出池体，一般形式为堰流式出水。

2. 生物接触氧化法的处理流程

生物接触氧化法根据进水水质与要求的出水水质，选择单级处理流程、二级或多级的处理流程。若采用单级处理流程，主要包括初沉池、生物接触氧化池与二沉池，各池的用途与在生物滤池中提及的一致，如图 5-10 所示。

图 5-10　单级处理流程

若采用二级处理流程，则将两个生物接触氧化池串联在一起。以此类推，多级处理流程将多个生物接触氧化池串联在一起，如图 5-11 所示。

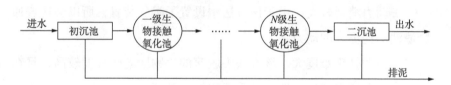

图 5-11　二级或多级的处理流程

图 5-11 中 N 等于几则表示几级的处理流程。在二级或多级处理流程中，一级生物接触氧化池中的有机负荷最高，因此生物膜增长速率最快，对污染物的降解速率也最高。往后各级，有机负荷依次降低，生物膜增长逐渐缓慢，降解速率也依次降低。单级处理流程适用于处理低浓度废水，二级或多级处理流程适用于处理高浓度废水或对出水水质要求高的情况。

3. 生物接触氧化法的优势与不足

生物接触氧化法类似于生物滤池法，因为都采用了固定生物膜对废水进行处理。但生物接触氧化法在结构、工艺等方面又做出了一定改进，因此其具有更多优势，主要体现于以下三点：

（1）处理效果好。该方法在曝气池中填充过滤材料，曝气装置产生的气泡不仅能够增加废水的含氧量，为微生物提供代谢条件，还能够产生搅动作用，促使生物膜更新。生物膜始终保持较高的生物活性，加速了对污染物的降解，使得处理效果更好且效率更高。

（2）占地面积小。该方法不需要出水回流或污泥回流装置，节省了设备的占地面积。另外，单位体积的生物接触氧化池能处理较多的废水，进一步减少了池体的占地面积和建设成本。

（3）产生污泥量少。生物接触氧化池中单位体积的微生物数量更多，因此产生的污泥量较少。

但与生物滤池法相比，生物接触氧化法也存在一定不足，主要体现于以下两点：

（1）动力消耗较大。由于该方法中设置了曝气装置，所以会比普通生物滤池消耗更大的动力。

（2）污泥处理难度大。该方法中脱落的生物膜老化程度较高，且在气泡的作用下变得细碎，增大了后续的处理难度。

5.1.4.4 生物流化床

生物流化床是一种新型且高效的生物膜技术，以沙、活性炭、焦炭等物质为填料，微生物以此为载体并在其上形成生物膜。废水自下向上流过载体，在废水的作用下，载体处于流化状态。这种流化状态使废水与生物膜多次接触，加大了生物膜与废水的接触面积并使氧气供给更加充分，以此增强了生物膜对污染物的处理效果。

1.生物流化床的结构

生物流化床由床体、载体、布水装置、充氧装置和脱膜装置组成。

（1）床体。床体为其他装置提供了安装空间和支撑作用，同时床体中进行着载体的流化和生物膜的形成，床体是生物膜对废水进行净化的场所。床体通常呈圆形以便于废水的均匀分布与流动，并且它需要承受载体流动的压力和水流的冲击力，因此应具有一定的强度和密封性。基于这些要求，床体可以由钢板焊制或钢筋混凝土浇制而成，其中钢筋混凝土床体的建筑成本较低，适用于大型生物流化床废水处理设施。

（2）载体。载体用于附着微生物并形成生物膜，对处理效果有着重要影响。除了前面提到的载体要求外，用于生物流化床的载体还应满足比重大于1、形状尽量接近球形的条件。因此，生物流化床通常采用沙、焦炭、玻璃珠、无烟煤等微粒状填料。

（3）布水装置。布水装置起到均匀布水的作用，能够确保载体在床体内均匀流化，以有效提高生物膜与废水的接触面积，同时对载体起到一定的承托作用。由于生物流化床采用自下向上的布水方式，所以布水装置通常位于床体的底部，由布水管、布水孔或喷头等组成。布水管将废水均匀地分配到床体的各个部位，布水孔或喷头则保证废水能够以合适的流速和流量喷出，使载体能够充分流化。对于流量较大的流化床，通常选取管式大阻力布水器。

（4）充氧装置。充氧装置的作用在于，为微生物提供充足的氧气，以满足其生长代谢和对污染物降解的需要，尤其对于好氧生物流化床来说，充氧装置是必不可少的。空气或纯氧都可以作为氧气来源，常用的充氧装置有跌水充氧装置和曝气充氧装置。

（5）脱膜装置。在生物流化床的工作过程中，生物膜会不断增长和更新，老化的生物膜需要及时从载体上脱落，这就是所谓的"脱膜"。但是单靠载体的流化可能无法使其全部脱落，此时就需要加设专门的脱膜装置。脱膜装置的作用就是促使生物膜脱落，以保证生物膜的活性和厚度在合适的范围内，防止生物膜过厚影响传质效率和处理效果，同时将脱落的生物膜及时排出系统，避免在床体内积累而影响运行。常见的脱膜装置有叶轮搅拌器、振动筛、刷形脱膜机等。

在生物流化床中，可以将废水、氧气及载体分别看作液态、气态、固态三种相态，若床体中仅加入液态的废水，它与固态的载体共有两相，则称为两相生物流化床；若在床体中加入液态的废水、气态的氧气，它们与固态的载体共有三相，则称为三相生物流化床。这两种流化床的床体结构、供氧方式和脱膜方式都有明显不同。

2. 两相生物流化床

两相生物流化床将微生物降解与固液分离分别置于不同的装置中完成，它设有单独的充氧装置和脱膜装置，这就意味着充氧装置与脱膜装置不再处于床体中。废水首先进入充氧装置中与氧气密切结合，然后带有氧气的废水进入流化床并被生物膜净化。生物膜在不断净化废水的过程中会逐渐增厚，此时需要将带有生物膜的载体从流化池中取出，放入专门的脱膜装置中进行脱膜处理，脱膜后的载体被重新放入流化池供下次处理废水使用。两相生物流化床的处理过程如图 5-12 所示。

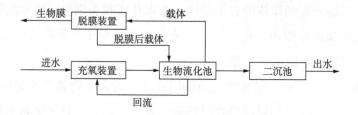

图 5-12　两相生物流化床处理过程

两相生物流化床具有单独的充氧装置，这使废水中有充足的氧气供给微生物的代谢活动，并且对于含氧量较低的废水可以通过多次回流补充更多的氧气。另外，单独的脱膜装置使老化生物膜的脱落更加彻底，极大地促进了生物膜的更新，保证了其活性。这些对污染物的去除具有重要作用。但该生物流化床的处理过程比较复杂，且需要另外设置充氧装置和脱膜装置，因此占地面积更大，建设成本更高。

3. 三相生物流化床

三相生物流化床不另外设置充氧装置和脱膜装置，而是在床体底部安装曝气装置向床体内部供氧，如此气态、液态、固态全部存在于床体中进行相应的生化反应。曝气装置产生的气泡起到搅动废水的作用，使废水与载体之间的摩擦更加剧烈，这样生物膜能够完成自动脱膜的过程，因此也不需要另外设置脱膜装置。三相生物流化床的处理过程如图5-13 所示。

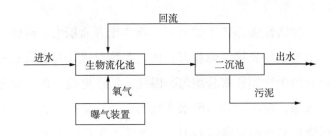

图5-13 三相生物流化床处理过程

与两相生物流化池相比，三相生物流化池的结构更加简单，建设成本与运行成本都更低。但由于没有专门的充氧装置和脱膜装置，其供氧和脱膜效果较差。氧气直接进入床体，容易在其中合并成大气泡，影响充氧效率，因此需要采取措施防止气泡合并，可以通过减压的方式曝气，以此控制气泡大小。

在实际应用时，需要根据污染物种类、浓度、要求出水水质等具体情况选择流化床。两相生物流化床适用于需要更多氧气供应且水质变化较大的废水处理场合，对一些高浓度含难降解有机物的废水能够达到很好的处理效果。三相生物流化床则适用于污染物浓度较低或对出水水质要求不高的废水处理场合，这些情况不需要较高的氧气供应，运用三相生物流化床可以较大程度地节省成本。

4.生物流化床的优势与不足

生物流化床的结构与运行方式使其具有很多优势，并在近几年得到广泛关注，其优势主要有以下两个方面：

（1）容积负荷高。由于生物流化床采用小粒径固体颗粒作为载体，且载体能够在废水中呈流化状态，所以其单位体积表面积比其他生物膜技术更大，存在的生物量也更多。废水进入流化池中很快就会被稀释降解，可承受较高的有机容积负荷，即使是高浓度废水也能够快速有效地得到处理。

（2）微生物活性强，传质效果好。载体比表面积大、载体能在床体中流化、废水与生物膜接触面积大，使微生物对氧气与有机物的吸附效果更好，形成的生物膜较薄且均匀，因此，活性更高。微生物活性高与载体的流化状态，使微生物与废水之间的传质效果更好，进一步增强了微生物对污染物的吸附与降解能力，加快了生化反应速率。

但是小粒径固体颗粒作为载体，在提高容积负荷的同时，会让设备受到严重的磨损。载体在流化过程中，会与废水、充氧设备或曝气设备发生摩擦，尤其是在三相生物流化床中。在这一过程中，载体本身会因摩擦而减小，其他设备也会因摩擦而损耗严重，长期磨损可能导致损坏。另外，生物流化床能耗较高，尤其是曝气装置，它不仅需要提供氧气，还需要带动废水和载体的流化，因此需要耗费大量能量，增加了成本。如今的生物流化床仍存在很多问题，如堵塞、生物颗粒流失等，该技术对设计和运行有较高要求。

5.1.4.5 气提式生物反应器

气提式生物反应器是一种以生物流化床为基础发展而来的新型废水处理设备，其实气提式生物反应器很早就出现了，早期用于细胞培养，近十几年才用于废水处理。气提式生物反应器与生物流化床的主要区别在于，它将反应器内部通过套筒分为升流区和降流区两部分。根据反应器中两区的相对位置不同，又可将其分为内循环反应器与外循环反应器，如图 5-14 所示。

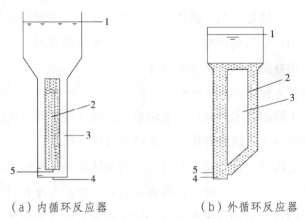

（a）内循环反应器　　　　　（b）外循环反应器

1—出水口；2—升流区；3—降流区；4—高压空气；5—进水口。

图 5-14　气提式生物反应器

内循环反应器的套筒内为升流区，套筒外为降流区；外循环反应器的套筒内为降流区，套筒外为升流区。由于内循环反应器结构更加紧凑，占地面积更小，所以得到了更多研究。

1.气提式生物反应器的工作原理

气提式生物反应器是通过气体提升来加强液相循环以达到更好的处理效果的生物处理技术，类似于生物流化床法。气提式生物反应器的核心思想是在反应器中通入气体形成气液混合流，产生的气流动力能够使液体在反应器中实现循环流动，从而提升生化反应速率。

气体从反应器底部进入，形成细小的气泡并向上运动，气泡上升带动液相向上流动，此为升流区；当液相上升至反应器顶部，含有气泡和脱落载体的废水会流入降流区，由于升流区与降流区之间存在密度差，因此实现了液相的循环。在循环过程中，气液两相充分混合，液相与载体的碰撞也更加强烈，废水中的污染物与载体中的微生物充分接触，通入的气体还能为微生物供氧，微生物吸附并降解有机污染物，达到废水净化的效果。

通过调节气体进入反应器的速度和流量，可以实现对液相循环速度和压力的控制。合适的液相循环有助于传质效果的提升，对于提高生化反应的效率和处理效果具有重要意义。

2. 气提式生物反应器的结构

除其他生物膜技术都具备的进出水口、载体外，气提式生物反应器的主要组成部分还有反应罐体、导流筒及气体分布器。

（1）反应罐体。反应罐体是反应器的主体部分，液相循环在其中发生，是处理废水的场所。反应罐体需要具有一定的强度和耐腐蚀性，以保证在长期的液相循环和废水处理过程中不会被损坏和腐蚀，因此一般由强度高且耐腐蚀材料制成，如不锈钢等。

（2）导流筒。导流筒位于反应罐体内部，主要作用是将升流区与降流区分隔开，引导液体的流动，使气液混合流能够在特定的区域内形成良好的循环，以提高反应效率和传质效果。

（3）气体分布器。气体分布器安装在反应器底部，作用是将通入的气体均匀地分散到液体中，使其形成细小的气泡，以增加气体与液体的接触面积，提高气液传质效率。常见的气体分布器有多孔板、管式分布器等。

3. 气提式生物反应器的处理流程

气提式生物反应器的处理流程包括初沉池、气提式生物反应器、二沉池三部分，各部分作用与前面所述相同，其处理流程如图5-15所示。

图5-15　气提式生物反应器处理流程

4.气提式生物反应器的优势

目前，气提式生物反应器在废水处理领域属于新兴技术，在各工业行业的废水处理中应用较少。但该技术具有多方面优势，因此具有很大的应用前景。其优势主要体现在以下三个方面：

（1）微生物活性高，传质能力强。反应器中的液相循环使微生物与废水中有机污染物的接触更加密切，且通入的气体为微生物提供了氧气。另外，气提式生物反应器的载体采用小粒径固体颗粒，具有较大的比表面积，有利于微生物附着。充足的有机物与氧气使微生物的活性更高，传质能力更强，因此对废水的处理效果也更好。

（2）容积负荷、耐冲击负荷能力强。与生物流化床法相同，气提式生物反应器具有较强的容积负荷和耐冲击负荷能力，其容积负荷为$3.635 \sim 9.192$千克/（立方米·天），BOD是生物滤池的38倍以上。反应器中的液相循环，使废水进入反应器后很快就会被稀释降解，因此耐冲击负荷能力很强，对于水质或水量的突然变化，气提式生物反应器也能有效处理。

（3）占地面积小。气提式生物反应器的主要构件只有一个罐体，其他部分存在于罐体中且设计紧凑，外部也不存在其他充氧装置或脱膜装置。此外，气提式生物反应器不需要污泥回流过程，进一步减小了占地面积，节省了运行成本。

5.2　MUCT 技术

5.2.1　MUCT 工艺的起源与发展

MUCT（Modified University of Cape Town process）工艺是由开普敦大学在 UCT 工艺的基础上研发的一种废水生物处理技术，主要用于废水的脱氮、除磷。MUCT 工艺的发展是从 A/O 工艺开始的，由 A/O 工艺发展至 A²/O 工艺，再到 UCT 工艺，最后到 MUCT 工艺。这四种工艺都属于生物脱氮、除磷工艺，下面将分别介绍这四种工艺，以全面了解 MUCT 工艺的起源与发展过程。

5.2.1.1 A/O 工艺

A/O 是 Anoxic/Oxic 的缩写，意为厌氧 / 好氧。A/O 工艺主要用于废水的脱氮处理，而不适宜除磷。该工艺将厌氧池与好氧池串联在一起，其具体工艺流程如图 5-16 所示。

图 5-16 A/O 工艺流程

废水首先进入厌氧池，其中的微生物会将废水中的淀粉、脂类、蛋白质等有机物水解为有机酸，并将大分子有机物分解为小分子有机物，将不溶性有机物转化为可溶性有机物。这些转化作用能够大大提高废水的可生化性，有利于后续的好氧处理。另外，在异养菌的作用下，蛋白质、脂肪等物质会被氨化形成氨氮（NH_3-N）或氨离子（NH_4^+）。

经过厌氧处理后的废水进入好氧池。在好氧池中，好氧微生物会将废水中的小分子有机物彻底氧化分解为二氧化碳和水等无机物，从而去除废水中的有机污染物。另外，好氧微生物还会进行硝化作用，即将废水中的氨氮逐步氧化为硝态氮（$NO_3^-—N$），这部分硝态氮通过污泥回流返回厌氧池，厌氧池中的反硝化细菌利用废水中的有机物作为碳源进行反硝化作用，将硝态氮还原为氮气（N_2），从而实现氮的去除。

A/O 工艺只需保证合适的污泥回流比和泥龄就能获得较好的脱氮效果，但由于其泥龄较短且污泥量多，剩余污泥中的含磷量较高，因此无法达到除磷的效果。这也是 A/O 工艺的一大缺点。

5.2.1.2 A²/O 工艺

A²/O（Anaerobic Anoxic/Oxic）工艺就是为了弥补 A/O 工艺无法除磷的缺点而产生的，它在 A/O 工艺的厌氧池后又增加了一个缺氧池，相当于两个厌氧池，具体工艺流程如图 5-17 所示。

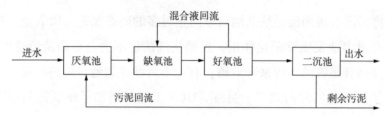

图 5-17　A²/O 工艺流程

废水在厌氧池中除了发生微生物对有机物的一系列反应外，聚磷菌还会释放体内储存的磷，为后续好氧环境下聚磷菌过量摄磷创造条件。缺氧池中反硝化细菌将回流的硝态氮还原为氮气。好氧池中微生物的硝化作用使氨氮转化为硝态氮，并且聚磷菌会过量摄取磷，从而使得废水中的磷含量下降。该工艺能够在与 A/O 工艺相同的时间内，同时实现脱氮和除磷两个过程。

5.2.1.3 UCT 工艺

尽管 A²/O 工艺具有比较好的脱氮效果，但厌氧池的回流污泥中存在的大量硝态氮会影响聚磷菌对磷的释放效果，使 A²/O 工艺的除磷效果并不理想，UCT 工艺就是为了解决这一问题而产生的。UCT 工艺在 A²/O 工艺的基础上，对工艺流程进行了改进，两者的主要区别在于，二沉池中的污泥是回流到厌氧池，还是回流到缺氧池。UCT 工艺的具体工艺流程如图 5-18 所示。

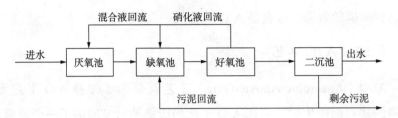

图 5-18　UCT 工艺流程

　　将污泥直接回流至缺氧池可以防止过多的硝态氮进入厌氧池，这样就不会过多地发生反硝化作用，反硝化细菌也不会与聚磷菌争夺碳源。聚磷菌拥有足够的碳源来释放磷，有助于后续好氧池对磷的吸收，从而提高了该工艺的除磷效果。另外，UCT 工艺还增加了缺氧池的混合液回流至厌氧池的过程，这种做法可以提高系统的抗冲击负荷能力。

5.2.1.4 MUCT 工艺

　　UCT 工艺很好地解决了因硝态氮回流导致的除磷效果不佳的问题，并很快取得了广泛应用。但在实际应用中人们还是发现了新的问题，当进水的水质水量出现较大波动时，仍然会在厌氧池中发现硝态氮。出现这种现象的原因可能是，水量过大或水质较差时，缺氧池对硝态氮的反硝化作用不彻底，导致部分硝态氮残留。这部分硝态氮进入好氧池后又随着硝化液回流至缺氧池，然后随着混合液回流至厌氧池，所以在厌氧池中发现了硝态氮。为了解决这一问题，MUCT 工艺对 UCT 工艺进行了部分改进，设置了两个缺氧池，其具体工艺流程如图 5-19 所示。

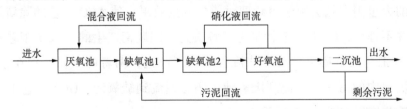

图 5-19　MUCT 工艺流程

在 MUCT 工艺中，一个缺氧池用于混合液回流，另一个缺氧池用于硝化液回流，两个过程不再发生于一个容器中，不再互相影响，因此硝化液不会再进入厌氧池，聚磷菌的释磷反应不会受到影响，保证了整个工艺的除磷效果。

5.2.2　MUCT 工艺的特点

5.2.2.1 MUCT 工艺的优点

作为一种改良型工艺，MUCT 工艺具有多种优点，主要体现于以下三点：

1.运行稳定性高

该工艺中两个独立的缺氧池可分别实施硝化反应，且回流的混合液互不干扰，减少了硝态氮对聚磷菌释磷的影响，使系统对水质水量的变化有更强的适应能力，使运行更加稳定可靠。总体来说，该工艺流程简单，设备占地面积小，便于整体控制运行。

2.脱氮、除磷效果好

MUCT 工艺使用两个缺氧池，可使污泥的脱氮和混合液的脱氮完全分开，避免了硝酸盐对聚磷菌释磷的影响，从而增强了除磷效果；同时，该工艺可实现完全反硝化，能有效去除废水中的氮元素，使出水水质更好，满足更严格的排放标准。

3.污泥性能良好

MUCT 工艺最大限度地减少了向厌氧池回流的混合液中的硝酸盐量，有助于保持污泥的良好沉淀性能，有利于减少污泥膨胀等问题的发生，有利于污泥的后续处理。

5.2.2.2 MUCT 工艺的缺点

MUCT 工艺仍然存在缺点，主要体现为以下两点：

1. 微生物菌剂复杂

在 MUCT 工艺中，存在多种微生物，包括聚磷菌、反硝化聚磷菌、反硝化异养菌、硝化细菌、自养菌等。每种微生物的生化反应同时进行，关系十分复杂，容易导致系统内部矛盾出现。

2. 抗冲击负荷能力较差

由于污泥回流量或混合液回流量有限，所以在面对水质水量波动剧烈的情况时，系统的抗冲击负荷能力不足。

5.3 厌氧生物处理技术

厌氧生物处理技术是利用厌氧微生物对废水中污染物进行净化的技术。5.1 节详细介绍了有关生物膜技术的内容，大多数的生物膜技术都利用好氧微生物来处理废水。但厌氧生物处理技术具有成本低、剩余污泥量少且可以实现能量回收的优点，这些优点使它逐渐成为废水处理中的常用技术。厌氧生物处理技术早期只被用于处理城市污水，在 20 世纪 60 年代后，由于能源危机加剧，它才更多地被用于处理有机废水。此后，大量厌氧反应器得以研发，进一步扩大了该种处理技术的应用范围。

5.3.1 厌氧生物处理技术的工作原理

厌氧生物处理技术是指在厌氧条件下，厌氧微生物或兼性厌氧微生物将有机物转化为甲烷（CH_4）和二氧化碳（CO_2）的过程，又被称为厌氧消化。自 20 世纪 70 年代以来，大量学者对厌氧生物的消化过程进行了深入研究，并提出了很多理论。针对有机物厌氧消化的过程，最先被提出的理论是二阶段理论，该理论将这一过程分为水解酸化和产甲烷两个阶段。在此之后，随着研究的不断深入，1979 年布赖恩特

（Bryant）[1] 根据产甲烷菌和产氢产乙酸菌的研究结果，在二阶段理论的基础上提出了三阶段理论。该理论提出，产甲烷菌不能直接利用除乙酸、氢气、二氧化碳和甲醇以外的有机酸和醇类。对于长链脂肪酸和醇类，必须经过产氢产乙酸菌的转化，成为乙酸、氢气、二氧化碳等后才能被产甲烷菌利用。三阶段理论突出了"产氢"在有机物消化过程中的核心地位，较好地解释了二阶段理论存在的矛盾。三阶段理论如图5-20所示。

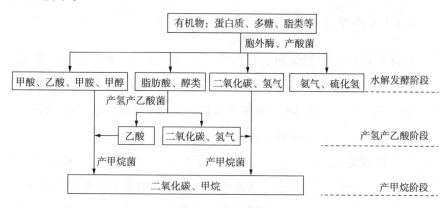

图 5-20　三阶段理论

5.3.1.1　水解发酵阶段

对于蛋白质、多糖、脂类等复杂的有机物来说，由于分子体积比较大，无法直接通过厌氧菌细胞壁，所以需要在微生物体外经胞外酶分解生成小分子的简单有机物，这就是水解过程。经过水解生成的简单有机物会在产酸菌的作用下进行发酵和氧化，转化为脂肪酸和醇类等物质。例如，蛋白质经过水解生成短肽和氨基酸，然后经过脱氨基作用产生脂肪酸和氨；淀粉、纤维素等多糖被水解为葡萄糖，葡萄糖经过发酵转化

---

[1]　BRYANT M P. Microbial methane production: theoretical aspects[J]. Journal of Animal Science, 1979, 48: 193-201.

为乙醇和脂肪酸等；脂类被水解为脂肪酸和甘油，再经过发酵形成脂肪酸和醇类。

5.3.1.2 产氢产乙酸阶段

在这一阶段，除了甲酸、乙酸、甲胺、甲醇以外的其他第一阶段产物，如丙酸、丁酸等脂肪酸和乙醇等醇类以及其他水溶性小分子都会在产氢产乙酸菌的作用下，被转化为乙酸、氢气和二氧化碳。

5.3.1.3 产甲烷阶段

在这一阶段，产甲烷菌会将前两个阶段产生的甲酸、乙酸、甲醇、氢气和二氧化碳等基质通过不同的路径转化为甲烷。其中最主要的基质是乙酸、氢气和二氧化碳，约有 70% 的甲烷由乙酸转化而来，另外少部分来自氢气和二氧化碳的合成。

三阶段理论是目前受到广泛认可的有机物厌氧消化过程理论。除此之外，还有一个四阶段理论，该理论认为除了水解菌、发酵菌、产氢产乙酸菌和产甲烷菌之外，还有同型产乙酸菌参与消化过程。在产甲烷阶段之前，这种同型产乙酸菌会将上一阶段产生的少部分氢气和二氧化碳转化为乙酸。

5.3.2 厌氧生物处理技术中微生物的种类

由厌氧消化过程的三阶段理论可知，参与厌氧消化的厌氧微生物主要有进行水解的水解菌、进行发酵的发酵菌、产生氢气和乙酸的产氢产乙酸菌，以及最终形成甲烷的产甲烷菌四种。

5.3.2.1 水解菌

水解菌通过其产生的胞外酶或自溶后释放的胞内酶将复杂有机物转化为微生物可利用的小分子单体。对于淀粉来说，水解比较容易，乳杆菌、枯草芽孢杆菌、地衣芽孢杆菌等厌氧细菌都能分泌出淀粉酶将其水解成单糖；对于纤维素来说，水解则比较困难，纤维分解菌有革兰氏阴性菌和热纤梭菌等；对于蛋白质来说，能够产生水解蛋白质的蛋白酶的厌氧微生物有很多种，如双酶梭菌、厌氧消化链球菌、金黄色葡萄球菌、丁酸梭菌等。

5.3.2.2 发酵菌

发酵菌的作用是将水解后的小分子单体转化为脂肪酸和醇类。以多糖和蛋白质为例，多糖的水解产物是单糖，单糖经微生物发酵后主要产生乙酸和氢气，不同类型的发酵菌会将单糖转化为不同的脂肪酸。例如，巨球型菌和丙酸梭菌会将其发酵成丙酸和丁二酸；而乳酸菌会将其发酵为乳酸。蛋白质的水解产物是氨基酸，能够对氨基酸进行发酵的微生物主要有梭菌、链球菌及支原体等。微生物将其摄入体内进行发酵，主要分为两种途径，脱氢反应和还原脱氢反应。脱氢反应产生的氢气会被甲烷菌利用生成甲烷。还原脱氢反应会将精氨酸分解为氨气和二氧化碳；将鸟氨酸分解为乙酸、丙酸、丁酸和戊酸；将赖氨酸分解为乙酸和丁酸。

5.3.2.3 产氢产乙酸菌

产氢产乙酸菌的主要作用是将脂肪酸和醇类氧化分解为乙酸、氢气和二氧化碳，为下一步产甲烷菌的转化提供基质。主要的产氢产乙酸菌有互营单胞菌属、互营杆菌属、梭菌属等。

5.3.2.4 产甲烷菌

产甲烷菌的主要功能是将上一阶段的产物——乙酸、氢气和二氧化碳转化为甲烷和二氧化碳。产甲烷菌既不属于原核生物，也不属于真核生物，而属于古菌域。产甲烷菌可分为两大类，嗜乙酸产甲烷菌和嗜氢产甲烷菌，前者种类较少，有产甲烷叠球菌和产甲烷丝状菌。但这两种细菌在厌氧反应器中十分常见，尤其是产甲烷丝状菌。

5.3.3 厌氧生物处理技术的种类

在厌氧生物处理技术应用于废水处理后，很多工艺（如厌氧接触法等）和反应器产生了。

若按照反应器中厌氧微生物的状态分类，可将其分为悬浮型厌氧反应器和附着型厌氧反应器两种。悬浮型厌氧反应器是指厌氧微生物以絮体或颗粒状悬浮于其中的反应器，如升流式厌氧污泥床等；附着型厌氧反应器则是指厌氧微生物附着在固定或流动载体上的反应器，如厌氧滤池、厌氧流化床、厌氧生物转盘等。

若按照厌氧消化阶段的组合来分类，可将其分为单相厌氧反应器和两相厌氧反应器。单相厌氧反应器是指二、三阶段在同一个反应器中发生的反应器；而两相厌氧反应器是指二、三阶段分别在两个串联在一起的反应器中发生的反应器。下面将详细介绍厌氧接触法、厌氧滤池和两相厌氧反应器。

5.3.3.1 厌氧接触法

厌氧接触法是由传统的完全混合器演变而来的。传统的完全混合器通过将废水与厌氧活性污泥进行充分混合，使厌氧微生物对污染物进行消化，达到废水净化效果。但由于其处理后的水会与部分污泥一同排出反应器，所以反应器中的污泥停留时间很短，负荷能力也因此较低。为了解决这个问题，厌氧接触法加入了污泥分离和回流过程。由废水携带流出的污泥经过分离装置被提取出来，再经过回流装置重新回到反应器中。这种做法能够有效提高反应器中污泥浓度，缩短水力停留时间，提高反应器的负荷能力。

1.厌氧接触法的结构

厌氧接触法主要由厌氧消化池、脱气装置、沉淀分离装置和污泥回流装置四部分构成。

（1）厌氧消化池。厌氧消化池是废水与污泥的混合场所，也是生物消化反应的发生场所，其中包括进出料口、出气口、池体与搅拌装置。进料口用于引入废水，出料口用于排出废水污泥混合物；出气口用于将消化产生的甲烷气体排出；池体是主体部分，通常为封闭的罐体，形状多为圆柱体或长方体；搅拌装置用于将废水和污泥充分混合，增大微生物与污染物的接触面积，常用的搅拌方式有机械搅拌、气体搅拌等。

（2）脱气装置。从厌氧消化池流出的混合液中可能带有部分甲烷气体，若甲烷气体一同进入沉淀分离装置会导致沉淀不彻底，因此需要在消化池与分离装置之间加设脱气装置，将甲烷气体去除。常见的脱气装置有真空脱气器、搅拌脱气装置、电动脱气器等。

（3）沉淀分离装置。沉淀分离装置用于将厌氧消化池中排出的废水污泥混合物中的污泥沉淀下来，使其实现固液分离。沉淀下来的污泥通过污泥回流口进入污泥回流装置，而排出沉淀的上清液则由排水口排出。

（4）污泥回流装置。污泥回流装置用于将沉淀分离装置中排出的污泥重新送回厌氧消化池中，包括污泥回流管道和污泥回流泵。

2.厌氧接触法的工艺流程

厌氧接触法的工艺流程：废水进入厌氧消化池后，搅拌装置将废水与大量厌氧微生物絮体充分混合，厌氧微生物对有机污染物进行消化，产生的甲烷气体上升至出气口排出。处理后的废水携带部分污泥由出料口排出，进入沉淀分离装置。在沉淀分离装置中，实现固液分离，污泥进入污泥回流装置，液体即最终处理后的废水从排水口排出，进行下一步操作。进入污泥回流装置的污泥会重新回到厌氧消化池中，进行后续的废水处理工作。这种工艺流程能够维持消化池中的污泥浓度，保证高效运行。厌氧接触法工艺流程如图 5-21 所示。

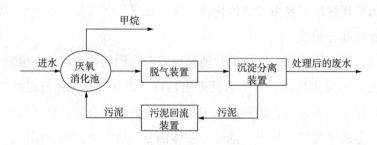

图 5-21　厌氧接触法工艺流程

3. 厌氧接触法的工艺特点

厌氧接触法的优点：第一，污泥浓度高，污泥回流装置能够保证消化池中的污泥浓度保持在较高水平，通常可达到 5 ~ 10 克 / 升，高浓度污泥使该工艺具有较强的抗冲击负荷能力，能够处理水质水量波动较大的废水；第二，有机容积负荷高，单位体积的反应器在单位时间内能够处理大量有机污染物，常温下若进水的 COD 为 40 000 ~ 50 000 毫克 / 升，有机容积负荷可达到 8 ~ 9 千克 / （立方米·天），高有机容积负荷使反应器占地面积较小，但处理能力很高；第三，运行稳定且易启动，该工艺运行稳定，能承受较高负荷的冲击，在启动阶段，容易培养出相应的厌氧微生物，启动时间较短；第四，处理效果好，该工艺对废水中污染物的处理较为彻底，其出水水质较好，COD 去除率能够达到 80% ~ 90%，对于含高浓度悬浮物和有机物的废水，该工艺也能得到较好的处理效果。

厌氧接触法的缺点：第一，流程复杂，该工艺中添加了脱气、分离和回流装置，导致设备结构和处理流程都比较复杂，建设成本和运行管理成本也相应增加了；第二，可能存在污泥膨胀的问题，反应器中污泥的浓度存在一定限度，超过这一限度会导致污泥膨胀现象产生，使沉淀恶化，这时固液分离将更加困难。

5.3.3.2 厌氧滤池

厌氧滤池与生物膜技术中的生物滤池相似，都通过载体令微生物形成生物膜。但不同之处在于，厌氧滤池采用厌氧生物，在载体上形成厌氧生物膜，废水进入反应器后，其中的污染物被生物膜水解酸化，最终转化为甲烷和二氧化碳排出，实现对废水的净化。

1.厌氧滤池的结构

厌氧滤池主要由进水口、出水口、反应器主体、载体及出气口构成。

（1）进出水口。进出水口用于废水的进入和排出，其中进水口位于反应器的顶部或底部，若位于顶部则成为下流式厌氧滤池，若位于底部则成为升流式厌氧滤池。

（2）反应器主体。反应器主体是承载填料及处理废水的场所。由于生物膜为厌氧生物膜，且为了便于处理产物和收集甲烷，反应器主体应是密封的。

（3）载体。厌氧滤池的载体通常为固体填料，粒径为 0.2 ～ 60 毫米。粒径过小容易导致载体堵塞，粒径过大则容易使比表面积减小，不利于微生物附着。通过多次实践得出，粒径在 20 毫米以上的填料效果最好，空心填料也是不错的选择。常用的填料有炉渣、塑料、瓷粒等材料。载体在反应器中是固定的，微生物附着在上面。

（4）出气口。出气口用于甲烷的排放，一般需要连接甲烷处理装置。废水中污染物经过载体的处理后，生成的甲烷气体由出气口排出，经过一定处理后被释放或用作生物天然气。

2.厌氧滤池的工艺流程

厌氧滤池的工艺流程：废水由进水口从反应器底部或顶部进入，其中的有机污染物在生物膜的作用下被水解酸化，最终产生甲烷气体。水中的甲烷气泡上升至滤池顶部，由出气口排出。处理后的废水由出水口流出。

3.厌氧滤池的工艺特点

厌氧滤池的优点：第一，生物浓度高，可承受较高的有机负荷；第二，具有较高的稳定性，能够处理水质水量变化较大的废水；第三，微生物停留时间长，使水力停留时间延长，耐冲击负荷能力增强；第四，不需要安装专门的搅拌设备，也不需要回流污泥，因此装置简单，便于运行管理。

厌氧滤池的缺点：第一，滤池容易堵塞，如果选用的填料不合适，那么在废水中含有较多悬浮物的情况下，滤池可能会出现短路或堵塞的现象，因此厌氧滤池更多地用于处理悬浮物浓度较低的溶解性有机废水，应用范围受到了一定限制；第二，载体价格昂贵，整体成本较高。

升流式厌氧滤池与下流式厌氧滤池是比较传统的厌氧滤池工艺，它们都存在容易堵塞的问题。为了解决这一问题，研究者研发了其他工艺。回流式厌氧滤池就是其中一个，它采用水循环的方式避免了升流式厌氧滤池因升流速度过慢导致的滤池堵塞。另外，通过减少载体体积而实现的部分填充式厌氧滤池，不仅能够解决滤池堵塞问题，还能够提高处理能力。除以上两种滤池之外，还有平流式厌氧滤池，它将载体沿竖直方向放置，这样不仅可以截留水中的悬浮物，还可以将其连续排出；串流厌氧滤池，该种工艺将厌氧消化的不同阶段分开在不同反应器中进行，然后将这些反应器串联在一起，为每种反应器中的微生物提供各自最适宜的条件，以使生化反应最大化，这种工艺可以消除短流的危害，也可以避免滤池的堵塞。

厌氧滤池也可以与其他工艺串联在一起使用，使废水中不同种类的污染物在不同的反应器中得到有效处理。例如，将沉淀池与厌氧滤池串联，沉淀池首先将废水中的大颗粒悬浮物去除，然后通过厌氧滤池进行有机污染物去除，这种做法在增强处理效果的同时，能够大大降低厌氧滤池堵塞的风险。

5.3.3.3 两相厌氧反应器

两相厌氧反应器即分段厌氧消化法，也称两相厌氧消化法，是一种将厌氧消化过程分成两个阶段并分别在不同装置中进行的工艺。

厌氧微生物对有机物的消化过程是一个很复杂的过程，其中包括多个不同的阶段，且每个阶段需要的微生物都是不同的。前面提到过厌氧消化的三阶段理论，但若要将该过程分为两个阶段，则可将其概括地分为产酸阶段和产甲烷阶段。在产酸阶段，产酸菌将复杂的大分子有机物水解成简单的小分子有机物；在产甲烷阶段，产甲烷菌将有机物转化为甲烷和二氧化碳。前面介绍的两种厌氧消化工艺都是将这两个阶段置于同一个反应器中进行的，即产酸菌和产甲烷菌处于一个反应器中。但实际上，产酸菌和产甲烷菌在最佳环境条件上存在较大差异，具体差异如表 5-2 所示。

表 5-2　产酸菌与产甲烷菌的最佳环境条件差异

	产酸菌	产甲烷菌
生长速率	快	慢
温度	20 ～ 35 摄氏度，30 ～ 35 摄氏度时活性较高，在低温环境下也能保持一定活性，但对高温较敏感	中温（30 ～ 35 摄氏度）、高温（50 ～ 55 摄氏度）较合适，对低温较敏感
pH 值	4 ～ 7	6.8 ～ 7.2，低于 6.3 或高于 7.8 时，活性显著下降
氧化还原电位	−150 ～ 200 毫伏	中温低于 −350 毫伏；高温低于 −560 毫伏
对氧气的敏感性	部分产酸菌可在微氧或兼性厌氧条件下生存	对氧气高度敏感，严格厌氧

续　表

	产酸菌	产甲烷菌
营养需求	相对简单，可利用多种有机物作为碳源	较为严格，对碳源和氮源有特定要求

由表 5-2 可知，产酸菌与产甲烷菌的最佳环境条件有较大差异，若将其置于一个反应器中，无法同时满足两种微生物的需求，可能导致这两种微生物都不处于最佳的代谢状态，影响生物消化过程。因此，分段厌氧消化工艺将这两种微生物置于不同的串联在一起的反应器中，这样就可以根据各自特性来改变反应器环境，使微生物活性保持在最佳状态。这种做法可大大提高容积负荷，改善处理效果。

1.分段厌氧消化法的结构

分段厌氧消化法的主要设备有产酸相反应器和产甲烷相反应器。两个反应器之间通过管道等方式连接，使产酸相的产物能够顺利进入产甲烷相，并可以对流量、浓度等进行控制，以保证整个工艺高效稳定运行。

（1）产酸相反应器。该反应器用于将有机污染物水解酸化，产生小分子的脂肪酸和醇类等有机物，以供产甲烷菌利用。其结构形式比较多样，有完全混合式、升流式厌氧污泥床等。

（2）产甲烷相反应器。该反应器用于将产酸相反应器中产生的各类脂肪酸和醇类物质转化为甲烷和二氧化碳。常见的结构有厌氧滤池、膨胀颗粒污泥床等。

2.分段厌氧消化法的工艺流程

为了让两种微生物在各自的反应器中处于最高活性状态，对于不同种类的废水应采取不同的工艺流程，因为不同种类的废水中含有不同的污染物，其会对反应器的 pH 值或消化反应速率产生较大影响，根据不同情况设定不同的工艺流程可以针对性地解决那些可能发生的问题。例如，废水中含有淀粉或多糖等易于酸化的有机物，且其中悬浮物浓度不高，这类废水的产酸相出水 pH 值很低，但产甲烷菌在酸性条件下活性会降低，因此不能直接将出水引入产甲烷相中。此时应采用产甲烷相出水回流，稀释产酸相出水，提高 pH 值。分段厌氧消化法工艺流程如图5-22 所示。

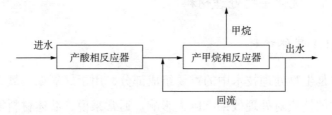

图 5-22　分段厌氧消化法工艺流程

若废水中含有难降解有机物或悬浮固体浓度较高，可以采用厌氧接触法反应器作为产酸相反应器，通过污泥回流的方式提高产酸相中的微生物浓度，使废水中有机物得到更彻底的水解酸化。

3. 分段厌氧消化法的工艺特点

分段厌氧消化法的优点：第一，处理能力强，效率高，该工艺独特的"分相"结构，使得产酸菌和产甲烷菌能够充分发挥它们的作用，提高了废水的处理能力，处理效率也高于传统厌氧消化法；第二，运行稳定，该工艺用了两个反应器，增强了系统的抗冲击负荷能力，使得运行更加稳定。但这两个反应器也在一定程度上增加了建筑成本和运行管理成本，这也是该工艺存在的最大缺点。

5.4　生物处理技术的优化策略

与物理处理技术、化学处理技术相比，生物处理技术具有处理效果好、效率高、成本低的优点，更重要的一点在于，它是通过微生物对污染物实现降解去除的，因此不会向废水中引入其他化学药剂，处理过程中也不会产生二次污染，属于一类比较符合可持续发展要求的工业废水处理技术。进一步来讲，通过对材料、产物、技术、设备的优化可以使生物处理技术更加满足可持续发展要求。

5.4.1 优化生物处理材料

5.4.1.1 载体材料

载体是生物处理技术中的重要组成部分，用于好氧或厌氧微生物的附着，它的性质对处理效果有巨大影响。通常来说，载体材料需要具备较大的比表面积和孔隙率，其他物理性质也应满足要求。目前比较常用的载体可以分为两类，一类为无机载体，通常为粒状，包括碎石、矿渣、陶粒、活性炭、玻璃等；另一类为有机载体，指一些天然高分子和合成高分子，包括聚氯乙烯、聚丙烯、聚苯乙烯等塑料和海藻酸钙、琼脂等。若要使载体材料更具可持续性，则可以从以下两个层面入手：一是开发新型载体材料，使处理效率更高、处理效果更好；二是使用废弃物作为载体，促进废弃物的循环利用。

1.开发新型载体材料

开发新型载体材料是目前生物处理技术的发展重点，拥有更大比表面积、更好生物相容性和更强稳定性的载体能有效增加微生物的附着量，从而提高处理效率和处理效果，使废水达到更高的排放标准，这对可持续发展十分有利。多孔陶瓷是一种新型陶瓷材料，近几年常被用作载体材料，具有相对于其他陶瓷材料更大的孔隙率，其过滤性能和隔热性能也比较优秀。利用多孔陶瓷作为生物膜载体来处理工业废水时，其上微生物生长情况远胜于海绵载体，并且它对 COD 的去除率能够达到 85% ~ 88%。

另外，对现有载体材料进行改性也是一种改善处理效果的有效方法。目前对载体材料的改性方法包括对亲水性、表面生物亲和性及磁性的改善。亲水性较高的载体材料有利于微生物的附着和生长，通过聚合物共混法或电晕处理提高载体的表面亲水性，可使废水中 COD 的去除率提高 30% ～ 40%。载体材料的表面生物亲和性高低决定微生物能否在其上稳定附着，因此亲和性改性成了提高生物膜处理能力的重要途径。大量研究表明，磁改性材料相较于传统未改性材料具有更大的比表面积和含氧官能团，且具备更强的阳离子交换能力和金属结合能力，因此对废水中的污染物，尤其是重金属离子有着更强的吸附力。Tang 等人[①]通过加入纳米磁性颗粒对原生物炭进行磁化改性，结果发现，磁化后的生物炭内部磁性颗粒达 4.42%，比表面积提高到 679.4 平方米 / 克，对六价铬的去除能力显著提高了。王思源等人[②]制备了 $FeCl_3$ - 小麦秸秆生物炭，比表面积较未改性炭增加了 56%，Fe—O 官能团显著增加了，磁性增强了。张晓颖等人[③]利用改性玄武岩纤维作为生物接触氧化反应池的填料，对废水进行处理，结果显示，废水中 COD 去除率达 94%，氨氮去除率甚至可达 99.5%。

2. 使用废弃物作为载体

在实际应用中，载体往往有多种选择，如果能够将废弃物作为载体，不仅能实现废弃物的再次利用，还能大大降低废水处理的成本，达到"以废治废"效果，有利于工业废水处理的可持续发展。目前很多基于废弃物载体的研究已经出现，如坚果壳生物载体，经过机械破碎及改

① TANG J C, ZHU W Y, KOOKANA R, et al.Characteristics of biochar and its application in remediation of contaminated soil[J].Journal of Bioscience and Bioengineering, 2013, 116（6）: 653-659.

② 王思源，申健，李盟军，等.不同改性生物炭功能结构特征及其对铵氮吸附的影响[J].生态环境学报，2019，28（5）: 1037-1045.

③ 张晓颖，高凤仪，杨巧巧，等.改性玄武岩纤维填料的生物亲和性及污水处理应用[J].环境工程，2021，39（12）: 59-65，127.

性处理的坚果壳能够达到载体的条件，且能对污染物表现出很好的去除效果。再如牡蛎壳生物载体，以废弃物牡蛎壳为载体处理工业废水时，对 COD_{Mn} 的去除率可达 90% 以上，对氨氮的去除率可达到 97.8%。

像坚果壳、牡蛎壳这些废弃物的价格便宜，数量多，只需要经过加工处理就可用作生物载体，且以它们为载体的生物处理技术能够有效去除废水中的有机污染物，这样的载体甚至比一些传统的载体效果更好。用废弃物作为载体的优势在于，节省了废弃物的处置费用，降低了废水的处理成本，在一定程度上增强了处理效果，这是实现可持续发展的重要途径。

5.4.1.2 微生物菌剂

微生物是生物处理技术的主体，可以直接作用于污染物，能够吸附并降解污染物，还能够起到一定的脱色和去异味作用。微生物的附着主要取决于载体，但微生物的活性与生长代谢活动却主要受环境的影响。具体来说，废水的 pH 值、温度、溶解氧等理化条件会对微生物产生影响，对于这些因素，通过外部措施进行调节也可以满足微生物的生存要求。但当废水自身存在某些无法通过措施消除的污染物时，就需要对微生物进行选择了。例如，若废水中含有重金属、硫化氢等有毒物质，普通微生物就会在毒性作用下发生活性减弱甚至死亡的情况，从而降低了生物处理效果。此时通过基因工程、诱变育种等技术，可以选育耐盐、耐重金属等对高毒环境有耐受性的微生物。若微生物的活性不受影响，废水处理效果就不会明显降低。

对于特定的工业废水，培养具有对应功能或特性的微生物不仅可以保证处理效果，还可能拓宽生物处理技术对不同类型工业废水的适用范围。

5.4.2 处理产物回收利用

在好氧生物处理技术中，好氧微生物将有机污染物转化为二氧化碳和水，二氧化碳被排放到空气中。在厌氧生物处理技术中，厌氧微生物能够将有机污染物转化为甲烷，甲烷与二氧化碳、氮气、氢气等共同形成沼气。沼气不能被直接排放于空气中，所以厌氧反应器一般都为密封装置。沼气是一种可燃气体，同时是可再生的二次能源，可用于发电、供热、供暖等。将厌氧反应器产生的沼气作为能源进行收集和再利用，可以使废水处理产物得到合理利用，并且用沼气代替一部分不可再生能源，还可以达到节能减排的效果，能够带来较大的经济效益与环境效益，这极大地体现了可持续发展思想。

沼气发电技术是目前沼气再利用的主要途径，但厌氧反应器排放的沼气也不可直接被利用，而是需要经过脱硫、增压等一系列处理后才能被使用，经处理的沼气可用于发电、供热、供暖等。废水经厌氧处理后，沼气的回收再利用流程如图 5-23 所示。

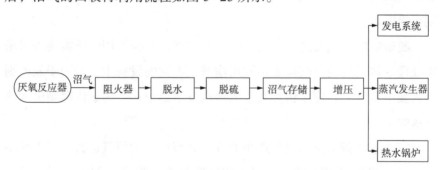

图 5-23 沼气的回收再利用流程

需要注意的是，沼气的脱硫过程。从厌氧反应器中排出的沼气中可能含有少量的硫化氢，若不去除，则会对发电机、风机等设备产生强烈的腐蚀作用，因此需要设置专门的脱硫过程。

脱硫方法包括两种，一种方法是利用氢氧化钠（NaOH）溶液的湿法脱硫。用氢氧化钠洗涤液喷淋含有硫化氢的沼气，氢氧化钠与硫化氢会发生如下反应：

$$H_2S + NaOH \rightleftharpoons NaHS + H_2O$$

氢氧化钠与硫化氢反应生成水和溶于水的硫氢化钠（NaHS）粉末，因此沼气中不再有硫化氢，排出的气体即为纯净的沼气。反应生成的硫氢化钠粉末会被引入反应器中，微生物对其进行吸收分解产生氢氧化钠和单质硫，最后经回收得到纯净的单质硫，单质硫可以用于其他场合。

另一种方法是利用三氧化二铁（Fe_2O_3）的干法脱硫。将沼气通入具有三氧化二铁的密闭容器内，其中的硫化氢会与三氧化二铁发生如下反应：

$$Fe_2O_3 \cdot H_2O + 3H_2S \longrightarrow 2Fe_2S_3 \cdot H_2O + 3H_2O$$

$$Fe_2O_3 \cdot H_2O + 3H_2S \longrightarrow 2FeS + S + 4H_2O$$

以上两种方法都能够将沼气中的硫化氢去除，但无论采用哪种方法，脱硫剂都会在脱硫过程中被消耗，导致脱硫效果变差，因此需要定期更换脱硫剂。

脱硫后的沼气会进入沼气罐中存储起来，在被使用前还需要经过增压处理。增压后的沼气按照不同用途进入不同的设备中，若用于发电则进入发电系统；若用于供热则进入蒸汽发生器中；若用于供暖则进入热水锅炉中。

宋建华[1]曾对某啤酒生产企业废水处理产生的沼气进行了回收利用研究，他将沼气进行处理后引入沼气锅炉中，将产生的蒸汽用于日常生产。经估算，这一沼气的回收再利用流程每年能够节约 27.25 万立方米（标准大气压下）的天然气，减排二氧化碳 792 吨、二氧化硫 2.2 吨。

---

① 宋建华. 废水处理产生的沼气回收技术应用与实践 [J]. 上海节能，2011（4）：25-28.

这一结果表明，沼气的回收利用是可行的，这一措施在很大程度上实现了节能减排，同时为企业节约了成本。

除了沼气这种常见的可回收能源，生物处理技术中人们还可以探索出其他潜在的能源物质，实现有机废水的"能源化"。目前一项主要技术就是微生物燃料电池技术。在有机废水中存在着大量的有机物质，微生物燃料电池利用特定的微生物作为催化剂，使这些有机物质在电池的阳极发生氧化反应，释放出电子和质子。电子通过外电路传递到阴极，质子则通过质子交换膜到达阴极，在阴极处与电子和氧气等发生还原反应，从而形成电流，最终实现从有机废水中获取电能的目的。这种技术为废水处理中的能源回收提供了新的思路和途径，利用该技术在实现废水处理的同时，能产生能源。微生物燃料电池已经应用于能源、环境、航天等领域，利用它实现废水处理和能源产生的双重目的也指日可待。

5.4.3　处理技术创新组合

工业废水的处理过程往往不是只包含单级处理工艺，而是包含多级处理工艺。采用多级处理工艺能够显著提高处理效果，尤其是对于污染严重或出水水质要求高的废水。对于生物处理技术来说，多级处理工艺可以设计为生物与生物、物理与生物、化学与生物，还可以分阶段选择生物处理工艺。

生物与生物的联合应用主要是指将好氧生物处理和厌氧生物处理结合起来，根据废水的水质特点，调整不同工艺的处理顺序和负荷分配。对于高浓度有机废水，先进行厌氧生物处理，利用厌氧微生物将大分子有机物分解为小分子有机物，提高废水的可生化性，再进行好氧生物处理，进一步去除有机物和氮、磷等污染物。对于可生化性较差的废水也可以采用先厌氧后好氧的处理方式，因为厌氧生物处理可以提高废水的可生化性，为后续的好氧生物处理创造有利条件。

生物处理技术只对有机污染物有效，如果废水中还存在其他污染物，那么就需要将生物处理技术与物理或化学处理技术结合在一起。在生物处理前，利用混凝沉淀去除废水中的悬浮物和部分胶体颗粒，降低后续生物处理的负荷；对于含有难降解有机物的废水，先通过高级氧化技术将部分难降解有机物氧化为易生物降解的物质，再进行生物处理，以提高整体处理效果。

根据工业废水不同阶段污染物的特点，可以设计多阶段生物处理系统。每个阶段采用针对性的生物处理工艺和微生物群落，如在处理印染废水时，第一阶段采用能够降解染料中间体的微生物处理工艺，第二阶段采用对残余色素和助剂有处理能力的生物处理工艺，以实现更精细的废水处理。

5.4.4　降低处理设备能耗

生物处理技术涉及多种设备，如充氧装置、曝气装置、搅拌装置等，多种设备的存在使能源消耗量上升。可持续发展中的一个要求就是不过多地消耗能源，因此以节能为目的，对这些设备进行重新设计或选择是十分必要的。例如，选用高效的曝气系统，能够提高氧气传递效率，减少曝气能耗；在曝气装置中加入智能控制开关，可以根据废水中的溶解氧浓度实时调整曝气强度，避免过度曝气。另外，在保证搅拌效果的前提下，选择低能耗、高搅拌效率的搅拌设备，如水力搅拌器、节能型机械搅拌器。优化搅拌器的安装位置和运行参数，可以确保反应器内物料的充分混合，同时降低能耗。

设备的运行、维护与设备选择同样重要，定期对处理设备进行维护和保养，确保设备处于最佳运行状态，可以减少因设备故障或老化导致的额外能耗。通过自动化控制系统，优化设备的启停时间和运行模式，根据废水流量和水质变化合理调整设备的运行负荷，可以提高能源利用效率。

第6章 可持续发展背景下工业废水处理技术的实践

6.1 食品行业废水的处理

6.1.1 食品行业废水概述

6.1.1.1 食品行业废水的来源

食品行业废水主要来自食品加工过程，在该过程中食品原料与辅料会经过浸泡、清洗、加工等工序，生产设备与食品包装需要经过清洗等工序，这些工序都会产生大量的废水。食品加工行业种类很多，若按照加工原料的不同，可以分为植物性原料行业和动物性原料行业两种。前者包括水果蔬菜加工、豆制品加工、谷物加工等；后者包括畜禽加工、鱼类加工、乳制品加工等。基于来源可总结出，食品行业废水普遍含有较高浓度的氨氮、脂类、多糖、蛋白质等有机物，以及盐分，且悬浮物浓度也较高。食品行业废水已成为我国较大的有机物污染源之一。

6.1.1.2 食品行业废水的危害

食品行业废水对环境造成污染的原因有两方面。一方面是食品本身的污染，食品种类很多，且大多数含有大量的油脂、糖类、蛋白质等物质，这些物质在加工中随废水排出会对环境造成严重危害。另一方面是食品添加剂的污染，在当代的大部分食品加工中都会添加某些添加剂。一部分食品添加剂本身具有毒性且难以被降解，会对环境产生影响；另一部分食品添加剂虽然本身不具有毒性，但若日积月累使浓度升高到一定程度，也会对环境产生危害。例如，含高浓度食用盐的废水排入水体中，会造成水体氯化物污染。

食品行业废水中含有的大量有机污染物、悬浮物和一些营养物质被排放到水体中会对环境造成诸多危害。首先会导致水体富营养化，废水中的氮、磷等营养物质会使水体中的藻类等浮游生物大量繁殖，藻类覆盖水面会阻止氧气进入水体，使水中溶解氧下降，导致鱼类等水生生物因缺氧而死亡。其次会导致水体水质下降，废水进入水体，其中的有机物会在微生物的作用下分解，分解过程会消耗大量氧气，造成水质恶化。再次会污染地下水，虽然废水并没有直接排放到地下水中，但地表水在渗透作用下仍会进入地下水，并且地下水一旦受到污染，很难采取手段进行治理。最后会影响生态系统的平衡，食品行业废水的排放改变了水体的化学组成和物理性质，危害了水生生物生存，而且这些污染物还能通过食物链的传递，在更高营养级生物体内富集，影响整个生态系统的稳定。

6.1.2 食品行业废水处理工艺

根据食品行业废水中污染物种类及废水具有的特性来选择处理工艺。

6.1.2.1 物理处理工艺

物理处理工艺在食品行业废水的处理中十分常见，对于食品行业废水中的悬浮物，采用物理处理工艺能够取得较好的效果。常用的物理处理工艺包括过滤、沉淀、调节池等。

1. 过滤

在食品行业废水的处理中，运用过滤工艺可以去除废水中的悬浮固体，如颗粒杂质等，还可以分离废水中的油脂。例如，在肉类加工废水中，通过过滤装置可以截留油脂微粒，降低废水的油脂含量。另外，过滤还能除去废水中的微生物。一些食品工业废水含有细菌、酵母菌等微生物，通过过滤介质进行截留，有助于净化水质，尤其是在乳制品废水处理中。

2. 沉淀

沉淀与过滤在食品行业废水的处理中具有相似作用，沉淀主要作用于废水中的悬浮固体。食品加工过程中会产生大量含有果肉、谷物、肉屑等固体颗粒的废水。通过沉淀，这些较重的固体颗粒在重力作用下逐渐沉降到水底。例如，在水果罐头加工废水处理中，水果残渣等固体颗粒可以在沉淀池中沉淀下来。沉淀还能分离废水中的部分胶体颗粒，胶体颗粒由于自身的特性在水中处于稳定的悬浮状态，但在沉淀池中，通过添加絮凝剂等化学药剂，胶体颗粒可以聚集成较大的颗粒，从而加速沉淀。例如，在饮料生产废水处理中，添加絮凝剂能使一些由添加剂形成的胶体沉淀下来。另外，沉淀对于去除废水中的重金属离子也有一定作用。部分食品加工可能涉及含有重金属的设备或原料，重金属离子在一定条件下会形成沉淀。

3. 调节池

食品行业废水的排放往往是间歇性的，不同生产工序阶段废水排放量不同，并且废水水质也可能会因季节或原料的变化而不同。对于这种水质水量波动较大的废水，设置调节池是比较合适的处理手段。利用调节池能够均匀废水水量，平衡废水水质，保证废水处理的科学性。一般情况下，调节池的容量不超过废水处理量的50%，调节时间为6～24小时，这样可以保证调节池的工作效率最高。

6.1.2.2 化学处理工艺

1. 氧化还原技术

氧化还原技术主要作用于食品行业废水中的有机污染物，氧化剂的氧化功能会直接将一些有机污染物转化为气体或沉淀，从而使废水得到净化。还原剂会将高价金属离子还原为低价态，从而降低金属的毒性。

2. 化学沉淀技术

在食品行业废水中加入化学药剂，可使其中的污染物形成沉淀，然后通过后续处理手段将其从废水中去除。例如，在由乳类制品和肉类制品加工产生的废水中添加铝盐或铁盐等沉淀剂，沉淀剂与其中的磷酸根离子反应生成磷酸铝或磷酸铁沉淀，从而降低废水中磷的含量，避免废水排放后造成水体富营养化。

3. 混凝法

混凝法通过向废水中加入混凝剂，使废水中微小的悬浮颗粒和胶体颗粒脱稳，聚集形成较大的絮体沉淀下来，从而达到去除污染物的目的。混凝法既可以去除废水中的悬浮颗粒与胶体颗粒，如果肉纤维、果胶、蛋白质胶体等，也可以去除废水中的部分色素。在食品行业废水的处理中，混凝法通常与其他物理处理工艺联合使用，以增强废水处理效果。

6.1.2.3 生物处理工艺

由于食品行业废水中的有机污染物主要为蛋白质、多糖、油脂等，因此生物处理工艺在食品行业废水处理中十分常见且有效。食品行业废水处理中的生物处理工艺有活性污泥法、生物膜法及厌氧生物处理技术。

1.活性污泥法

活性污泥法是一种好氧生物处理技术，被用于去除食品行业废水中的有机污染物。在处理过程中，首先将食品行业废水引入曝气池，池中充满活性污泥和微生物。在有氧的环境下，微生物会分解废水中的有机污染物。例如，废水中的蛋白质、脂肪和碳水化合物等会被微生物作为营养源吸收利用，进而复杂的有机物被分解为二氧化碳、水和一些简单的无机物。

活性污泥法中的污泥回流系统能够将部分沉淀后的活性污泥回流至曝气池前端，以保证曝气池中始终有足够数量的微生物来分解有机物。经过处理的食品行业废水流入二沉池，以将其中的污泥从废水中沉淀分离出来。经过二沉池，澄清的废水可以达标排放或者回用，而沉淀下来的污泥则会被继续处理，如污泥脱水、处置等。活性污泥法处理效率高，能有效降低食品行业废水的 COD 和 BOD，使废水达到排放标准。

2.生物膜法

生物膜法是好氧生物处理技术中的一种，且其处理效果优于活性污泥法，因此生物膜法在食品行业废水的处理中占据重要地位。

（1）生物滤池。生物滤池包含普通生物滤池、高负荷生物滤池、塔式生物滤池等多种处理工艺，每种处理工艺都有适用的食品行业废水处理场合。

普通生物滤池是生物膜法中较为常见的一种形式。在食品行业废水处理中，对于一些中小规模的食品加工厂，当废水水量相对较小、水质波动不大时，普通生物滤池是一种较为经济实用的选择。高负荷生物滤池能够承受较高的有机负荷，处理效率较高，适用于废水流量较大、有机物浓度较高的食品加工企业。塔式生物滤池具有占地面积小、处理效率高的特点。对于场地有限的食品加工企业，塔式生物滤池是一种较好的选择。曝气生物滤池是一种将生物膜法与曝气相结合的废水处理技术。它设置了塑料型块的曝气池，通过曝气为生物膜提供充足的氧气，促进微生物的生长和代谢，从而提高有机物的去除效率。在食品行业废水处理中，曝气生物滤池可以有效地去除废水中的有机物、氨氮等污染物，具有处理效果好、运行稳定、不会出现污泥膨胀等优点。

（2）生物流化床。生物流化床是一种新型的生物膜法，它利用了流态化的原理，使生物膜载体在废水中处于流化状态，增加了废水与生物膜的接触面积和接触时间，提高了有机物的去除效率。在食品行业废水处理中，生物流化床可以用于处理高浓度有机废水，如食品发酵废水、淀粉废水等。但是，生物流化床的设备投资和运行成本较高，对操作管理的要求也较高。

3.厌氧生物处理技术

与好氧生物处理技术相比，厌氧生物处理技术不需要额外投加氧源，节省了曝气设备的投资和运行费用，降低了处理成本。由于产生的剩余污泥量较少，厌氧生物处理技术减少了污泥处理和处置的费用。同时，厌氧生物处理技术对高浓度废水处理效果好。食品行业废水中有机物浓度较高，厌氧生物处理技术耐冲击负荷能力强，即使在废水水质波动较大的情况下，该技术也能保持较好的处理效果。基于这些优势，厌氧生物处理技术在食品行业废水处理中有广泛的应用。例如，升流式厌氧滤池、膨胀颗粒污泥床、厌氧序批式活性污泥法等厌氧生物处理技术对食品行业废水具有较好的处理效果。

6.1.3　食品行业废水处理实例

6.1.3.1　肉类加工废水

随着人民生活水平的不断提高，肉类加工行业发展迅速，我国肉制品加工行业市场规模已由 2015 年的 4 350.7 亿元上涨至 2022 年的

5 908.68 亿元，我国已经成为肉类生产大国。在行业快速发展的过程中，由其产生的废水总量在不断增长，屠宰及肉类加工行业已经成为我国轻工业领域有机污染物排放较多的行业之一，其排放量约占全国工业废水排放总量的 6%。

1. 肉类加工废水的来源

肉类加工主要是指对各种家禽牲畜的屠宰、加工、包装等生产全过程，以及一些其他相关的加工过程，在每个过程中都会产生废水，且废水中会含有不同的污染物。在屠宰阶段，用于冲洗屠宰车间的废水含血污、粪便；烫毛时产生的高温水含毛；解剖时用于冲洗的废水含血、肠胃内容物；油脂提炼时产生的废水含油脂等。

肉类加工是将屠宰场生产的鲜肉加工成不同肉制品的过程，该过程中产生的废水主要是由冲洗肉类产生的，其中可能含有大量的碎肉、油脂、血污等污染物。制成的肉制品需要经过包装、运输等过程，可能产生废水。对于牲畜的不同部位，会采取不同的加工工艺，如血加工、皮革加工、食用油脂提取、非食用油脂提取等，由此会产生不同的加工废水。

2. 肉类加工废水的特点

肉类加工废水的来源决定了其具有以下特点：

（1）水量大。肉类加工中冲洗过程多，冲洗会产生大量废水。

（2）以有机物为主要污染物，悬浮物浓度高。肉类加工废水中的污染物主要是血污、油脂、毛皮、粪便等有机物，因此肉类加工废水属于典型的有机废水，COD 可达到 1 300 ～ 2 000 毫克 / 升，而 BOD 可达到 300 ～ 1 000 毫克 / 升，但这也使其具有较高的可生化性。肉类加工废水中的悬浮物含量较多，其浓度一般可以达到 500 ～ 1 000 毫克 / 升。

（3）水质水量波动大。肉类加工对生产规模、加工阶段、加工技术、加工原料等条件较敏感，不同条件下产生的废水水质水量有较大区别，因此水质水量波动较大。

（4）不含有毒污染物，但可能含有细菌。肉类加工废水中一般不会含有化学物质等有毒的污染物，但可能存在影响人体健康的细菌，如大肠杆菌、沙门氏菌、金黄色葡萄球菌等。

（5）有色度和异味。废水中污染物特性使废水通常呈现红褐色，且有明显异味。因此，去除色度、异味也是肉类加工废水处理的主要内容。

3. 肉类加工废水的处理工艺

肉类加工废水是一种高磷、高氮的有机废水，因此生物处理工艺是首选。理论上，所有生物处理工艺都可以被应用于肉类加工废水的处理中，且对于去除其中的氮、磷等有机物具有较好效果，将生物处理工艺与其他处理工艺结合可以进一步增强处理效果。目前对于肉类加工废水的处理，通常以物理处理工艺或化学处理工艺为预处理或后处理，以生物处理工艺为主处理，具体如表 6-1 所示。

表 6-1 肉类加工废水处理工艺

处理阶段	工艺种类	工艺	作用
预处理 / 后处理	物理处理工艺	筛除	去除分散性悬浮固体
		沉淀	去除固体污染物
		气浮	去除乳化油，降低 SS
		调节池	均衡水质水量
	化学处理工艺	离子交换	去除溶解性污染物
		化学沉淀	
主处理	生物处理工艺	好氧生物处理	去除有机污染物，降低废水 BOD、COD、SS
		厌氧生物处理	
深度处理	物理处理工艺 / 化学处理工艺	混凝	降低 BOD、COD、SS；去除色度与异味；去除细菌病原体
		吸附	
		消毒	

武晓畅[①]曾对肉制品加工废水处理工程进行了设计研究，他采用了"微滤机过滤—两级气浮—同步脱氮除磷（Bardenpho）—化学除磷—硅藻土过滤"处理工艺，经预估，此工艺流程处理后的废水，COD 可从1 600 毫克 / 升下降至 60 毫克 / 升，BOD_5 可从 1 000 毫克 / 升下降至 25 毫克 / 升，SS 可从 600 毫克 / 升下降至 60 毫克 / 升，氨氮可从 110 毫克 / 升下降至 15 毫克 / 升，总磷可从 25 下降至 0.4，各结果甚至可能更低，结果表明，这一工艺十分有效。

6.1.3.2 大豆分离蛋白生产废水

大豆分离蛋白是一种以大豆为原料，采用一定技术从其中提取出来的高蛋白产品。它具有 90% 以上的蛋白含量，通常作为动物蛋白的替代品被用于食品加工和肉制品生产中。大豆分离蛋白的生产过程中会排放废水，近几年，我国大豆分离蛋白工业规模快速扩大，由此产生的废水也在逐渐增多。

1. 大豆分离蛋白生产废水的来源

目前，大豆分离蛋白的生产普遍采用碱提酸沉法，该方法首先通过降低 pH 值使大豆中的蛋白转化为沉淀析出，其次利用离心分离方法将沉淀的蛋白提取出来，最后对提取出来的蛋白进行中和、灭菌和干燥。在这一过程中，由离心分离产生的乳清废水是大豆分离蛋白生产废水的主要来源，其中含有大豆残渣、大豆油脂、弱碱性水溶液等。另外，生产设备、工厂地面的冲洗水，以及泡豆水和煮豆水等原料处理用水也是大豆分离蛋白生产废水的一大来源。

2. 大豆分离蛋白生产废水的特点

（1）有机物含量高、悬浮物浓度大。大豆分离蛋白生产废水中的主要污染物为高浓度的有机物，有机物含量可达到 20 000 毫克 / 升。由于

① 武晓畅 . 肉制品加工废水处理工程设计 [D]. 太原：山西大学，2019.

乳清废水中含有大豆残渣等固体，因此悬浮物浓度也比较大。

（2）水量大，水质波动大。大豆分离蛋白的生产过程中会产生大量的废水，据统计，一个年产量为万吨级的生产企业每天约排放出1 000吨的乳清废水，因此需要处理的废水水量十分大。由于不同生产阶段产生的废水成分、浓度都有所差异，因此废水水质波动比较大。

3.大豆分离蛋白生产废水的处理工艺

由于大豆分离蛋白生产废水中的主要污染物为有机物，因此常用的处理工艺同样以生物处理工艺为主，以物理处理工艺、化学处理工艺为预处理或后处理，具体工艺如表6-2所示。

表6-2 大豆分离蛋白生产废水处理工艺

处理阶段	工艺种类	工艺	作用
预处理/后处理	物理处理工艺	等电点沉淀法	使废水中蛋白质沉淀析出
		气浮	去除悬浮物，降低SS
		膜过滤技术	去除大分子有机物
		调节池	均衡水质水量
	化学处理工艺	絮凝法	去除溶解性污染物
		化学沉淀法	
主处理	生物处理工艺	好氧生物处理技术	去除有机污染物，降低废水BOD、COD、SS
		厌氧生物处理技术	
		好氧+厌氧生物处理技术	

需要注意的是，大豆分离蛋白生产废水中不仅含有大量有机物，还含有高浓度的磷。对于有机物，可以采用生物处理工艺去除，但对于磷，则需要采用化学处理工艺，使其转化为难溶性沉淀去除。伦海波

等人①曾对某大豆分离蛋白加工厂产生废水中的磷去除工艺进行了实验研究，实验选取硫酸铝、三氯化铁及熟石灰作为化学药剂对废水进行除磷，实验结果显示，熟石灰处理效果最好，且成本最低，这一研究说明，利用钙离子处理废水中的磷是最佳方法。

6.2 粘胶行业废水的处理

6.2.1 粘胶行业废水概述

粘胶，也就是粘胶纤维，是化纤中重要的品种之一，约占其总产量的 1/3。由于粘胶具有良好的物理化学性质，因此被广泛应用于服装纺织行业，高强度粘胶还可以被用于轮胎帘子线、传送带等工业产品的制作中。

在粘胶生产过程中不可避免地会对环境产生污染，其中最主要的是废水污染。数据表明，不同种类粘胶生产中产生的废水总量分别为短纤维 300 立方米 / 吨、长纤维 1 200 立方米 / 吨。目前，粘胶的生产方法主要是碱性黄化制胶工艺与酸性凝固成形工艺，粘胶生产过程中需要添加大量化工原料，如浆粕、烧碱、硫酸、二硫化碳等。因此，粘胶行业废水成分一般很复杂，有毒有害物质含量也比较高，易对环境和人体造成影响。

6.2.1.1 粘胶行业废水的来源

粘胶的生产过程大致可以分为粘胶制造、粘胶纺丝和后处理三个阶段，每个阶段都会产生废水，且废水中的主要污染物都是不同的。

---

① 伦海波，张一婷.大豆分离蛋白生产废水钙法除磷工艺的研究 [J].中国食品添加剂，2014（5）：139-142.

粘胶制造包括浸渍、压榨粉碎、老成、黄化、溶解、熟成（过滤脱泡）。浸渍是指将浆粕浸没于一定浓度的碱溶液中，从而生成碱纤维素的过程。压榨粉碎是通过压榨的方法将生成的碱纤维素中多余的碱液去除，再经过粉碎得到松散的絮状碱纤维素的过程。在以上过程中会产生含有大量半纤维素、碱液及其他杂质的废水。老成是指将粉碎后的碱纤维素暴露于空气中，让碱纤维素被氧气降解的过程，老成可以使平均聚合度下降并适当调整粘胶的黏度，避免黏度过高。老成过程产生的废水中含有反应过程中溶解出来的部分纤维素降解产物。黄化是指通过添加二硫化碳使碱纤维素转化为纤维素磺酸酯的过程。溶解是指纤维素磺酸酯的溶解过程，将其均匀地溶于稀碱液中，得到的物质就是粘胶。这一过程产生的废水中含有残余的二硫化碳、纤维素黄酸酯和碱。熟成（过滤脱泡）是对粘胶的初步提纯过程，溶解后的粘胶中含有较多杂质和气泡，通过过滤去除未充分黄化的纤维素胶粒、无机不溶性盐及少量的树脂颗粒，并通过脱泡去除气泡。过滤与脱泡统称粘胶的熟成，这一过程中一般不产生废水或产生少量废水。

粘胶的纺丝是指将生产的粘胶变为丝条状的过程。粘胶纺丝溶液通过喷丝头上的细孔后形成细流进入酸浴溶液中，在酸浴溶液中纤维素磺酸酯凝固成丝条状，然后经牵伸、切断、精炼等工序得到品质满足要求的粘胶。此时排出的废水中含有硫酸、碱等，同时由于粘胶生产过程中常将锌盐当作添加剂，因此在该阶段的废水中还可能含有锌离子。

经过纺丝的粘胶呈丝条状，其里面含有硫黄、硫酸、硫酸盐等杂质，硫黄会使丝条发黄，硫会使丝条发脆，因此应采取后处理手段将其去除，以免影响粘胶的使用。后处理需要经过水洗、脱硫、漂白、酸洗和最终的上油流程，在每一流程后都需要对纺丝进行水洗，因此会产生大量废水，废水中包含酸、碱、硫化物和其他杂质。

从具体的生产车间来看，不同生产车间负责不同的生产流程，因此产生水质差别较大的废水。根据废水酸碱度可将粘胶行业废水分为酸性废水和碱性废水。

酸性废水主要来自纺丝车间和酸站，纺丝车间进行粘胶纺丝，将粘胶液通过孔板或喷丝孔变成纤维形状，其产生的塑化浴溢流水、洗纺丝机水和洗丝水都属于酸性废水；酸站是为纺丝提供酸浴的场所，其目的是使纺丝达到工艺要求的温度、浓度和循环量，酸站过滤器的冲洗水与后处理酸洗水等同样属于酸性废水。酸性废水中含有的主要污染物有硫酸、硫酸锌、硫酸钠等，这部分是废水主要组成部分，约占废水总量的70%。

碱性废水主要来自碱站和原液车间，碱站用于将固态碱与液态碱混合配成一定浓度的溶液，配成的碱液将用于浸渍、压榨粉碎与黄化。碱站排水、原液车间胶槽及设备洗涤水、滤布洗涤水、换喷丝头时的带出水和后处理的脱硫废水等都属于碱性废水。碱性废水中含有的主要污染物有氢氧化钠、硫化钠、二硫化碳、纤维素磺酸酯等，这部分废水约占废水总量的15%。

从 COD、BOD、总锌、硫化物和 pH 值五方面对比两种废水及两者的混合废水，具体区别如表 6-3 所示。

表6-3 三种粘胶行业废水的具体区别

废水种类	酸性废水	碱性废水	混合废水
COD	400 毫克 / 升以下	5 000 毫克 / 升以下	2 000 ～ 3 000 毫克 / 升
BOD	—	400 ～ 1300 毫克 / 升	300 ～ 1000 毫克 / 升
总锌	50 ～ 100	—	10 ～ 20
硫化物	6 毫克 / 升	50 毫克 / 升	—
pH 值	1 ～ 2	11 ～ 12	6 ～ 10

6.2.1.2 粘胶行业废水的特点

粘胶行业废水的特点主要有以下五点：

1. 废水成分复杂

粘胶行业废水中含有纤维素、半纤维素、烧碱、硫化物等多种成分。其中，纤维素和半纤维素是生产原料及中间产物，烧碱用于纤维素的碱化过程，硫化物来自生产中的化学反应。

2. 强碱性

由于在生产过程中使用了大量的烧碱，废水的 pH 值通常较高，碱性废水的 pH 值通常为 11～12，混合废水的 pH 值通常为 6～10。

3. 有机物含量高

废水中含有大量的有机物，这些有机物主要来自未反应完全的原料，以及生产过程中生成的各种有机副产物。有机物含量高会导致废水的 COD 较高。

4. 废水中含有含硫污染物

粘胶行业废水中含有硫化氢和二硫化碳等含硫化合物，这些物质不仅气味刺鼻，还具有一定的毒性。

5. 废水温度较高

在生产过程中，由于化学反应放热等，废水的温度相对较高，一般为 40～50 摄氏度。

6.2.2 粘胶行业废水处理工艺

6.2.2.1 物理处理工艺

1. 混合曝气

将酸性废水和碱性废水引入混合池，使两者充分混合，并将混合废水的 pH 值维持在 2～3。在废水混合时进行曝气，让废水中的硫化氢及二硫化碳气体脱出，降低后续处理的气体危害和负荷。这一步骤既可以降低废水的腐蚀性，也有利于后续处理过程中污染物的去除。

2. 气浮

把调节池内的废水输送到高效浅层气浮器中，去除废水中的短纤维及不溶性 COD。在废水气浮处理时进行曝气，曝气停留时间为 5 ~ 10 分钟，这可以进一步吹脱废水中的大量硫化氢、二硫化碳等有害气体。

3. 过滤与沉淀

过滤与沉淀的作用相似，都通过固体分离的原理将废水中的大颗粒固体物质去除，为后续处理提供有利条件。

6.2.2.2 化学处理工艺

1. 中和法

中和法主要作用于酸性废水，利用酸碱中和原理去除废水中多余的酸性离子，如硫酸根。向酸性废水中添加碱性药剂，或直接将碱性废水引入其中，都可以得到很好的中和效果。

2. 化学沉淀法

化学沉淀法即向废水中加入化学药剂使一些溶解性物质沉淀析出的方法。在生物处理之前进行化学沉淀，可以去除一定量的 COD 和 BOD，有利于后续处理工艺的高效进行。

3. 微电解处理

将废水置于微电解反应器中，可以去除废水中的难降解、稳定性较强的复杂有机物，同时可以去除色度和重金属。另外，微电解过程中产生的新生态的 H^+ 和 Fe^{2+} 等具有较强的氧化还原能力，既可以破坏有机物的结构，提高废水的可生化性，也可以增强生物处理效果。

6.2.2.3 生物处理工艺

1. 好氧生物处理技术

利用生化池中活性污泥及好氧菌的吸附降解作用，把有机物分解成无机物。需要注意的是，好氧生化池的运行参数需要控制在合适的范围内。

2. 厌氧生物处理技术

厌氧生物处理技术与好氧生物处理技术相同，只是变为利用厌氧微生物对有机物进行分解，降低有机物含量。

6.2.2.4 多级处理工艺

目前大多数的粘胶行业废水处理流程都是物理处理工艺或化学处理工艺＋生物处理工艺，以物理处理工艺或化学处理工艺为预处理，以生物处理工艺为主处理或深度处理。最简单的工艺流程包含调节池、曝气混合池、中和池与生物处理反应器。首先废水进入各自调节池中，在水质水量得到均衡的同时能去除一定的悬浮物；其次酸性废水与碱性废水在曝气混合池中充分混合，去除二硫化碳和硫化氢；再次混合后的废水进入中和池，通过提高 pH 值使锌离子生成沉淀析出；最后将废水引入生物处理反应器中，去除有机污染物。处理后的废水还需要经过二沉池的沉淀分离，才能达到排放标准。根据粘胶行业废水的实际情况与出水要求，可以选择多级处理工艺，具体可选择的处理工艺如表 6-4 所示。

表 6-4　粘胶行业废水处理工艺

处理阶段	工艺	作用
预处理/后处理	混合曝气	混合酸性废水与碱性废水
	气浮	去除悬浮物等固体物质，降低 SS
	过滤	
	沉淀	
	中和法	去除溶解性污染物
	化学沉淀法	

续　表

处理阶段	工艺	作用
主处理	好氧生物处理技术	去除有机污染物，降低废水 BOD、COD、SS
	厌氧生物处理技术	
	微电解处理	
深度处理	化学沉淀法	去除锌离子
	好氧生物处理技术	进一步去除有机污染物

其中，深度处理是对已经符合排放要求的废水进行的更清洁化处理，可以选用化学沉淀法进一步去除废水中的锌离子等金属离子，也可以选择好氧生物处理技术降低废水的有机污染物浓度。

从污染物角度来看，粘胶行业废水中含有多种污染物，对于不同的污染物可以选用以上物理处理工艺、化学处理工艺、生物处理工艺，分别进行处理以获得更好的处理效果。由废水来源可知，粘胶生产排放的废水中主要含有硫酸、硫酸锌、二硫化碳、纤维素、半纤维素及一些溶解性有机物等，污染物种类之间差异较大，若采用同种处理工艺，可能出现处理效果不佳的问题，因此在选择处理工艺时应针对不同污染物选择相应的工艺，如酸碱废水的混合工艺。在以往的废水处理中，一般都会设置调节池来均衡废水的水质水量，但对于粘胶行业废水来说，调节池的意义不仅于此。粘胶行业废水分为酸性废水和碱性废水两种，碱性废水中含有纤维素磺酸酯和硫化物，会与酸性废水发生反应，产生大量纤维素和半纤维素，同时产生硫化氢和二硫化碳等有害气体，造成二次污染。因此，对于这两种废水应分别设置调节池，调节各自的水质水量。酸性废水与碱性废水的混合应在专门的曝气混合池中进行，为了防止两者混合产生的硫化氢与二硫化碳气体溢出污染环境，应将混合池设置为密闭结构，并加设气体收集装置。经过曝气混合池混合的废水可以进入后续的处理流程。对于纤维素和半纤维素等有机物，若要求的出水水质等级标准不高，可采用物理处理工艺中的沉淀技术，50%的有机物能够在沉淀中被去除。对于经过沉淀处理的废水，有机物含量能够满足三级排放标准。但若要求的出水水质等级标准较高，如要求达到一级排放标准，则不能单靠物理处理工艺，而需要增加生物处理工艺进行深度处理。生物处理工艺对有机物十分有效，但实际上粘胶行业废水的可生化性较低，生物处理工艺往往不会实现较好的处理效果。因此，在采用生物处理工艺时，需要采取某些手段增强废水的可生化性。例如，选用升流式厌氧污泥床，可以在一定程度上提高废水的可生化性，从而获得较好的处理效果。粘胶纺丝阶段需要通过添加锌盐提高粘胶的断裂强度，因此废水中含有一定浓度的锌离子。对于锌离子，通过将废水的pH值升高到9～10，可使锌离子生成氢氧化锌沉淀析出，从而实现去除锌离子的目的。

以上传统的处理工艺虽然发展时间久远，应用范围也比较广泛，但仍然具有不足，主要是由于使用了生物处理工艺。为了保证处理效果达到排放标准，必须使用生物处理工艺以有效去除有机物。但是粘胶行业废水的可生化性很低，所以单一的生物处理工艺效果可能不好，因此需要增加其他辅助工艺以提高废水的可生化性，这就大大增加了处理成本。另外，粘胶行业废水中含有硫酸等成分且温度较高，这些条件不适宜微生物的生长代谢，在降低处理效果的同时会导致污泥膨胀的问题发生，使整个处理系统的不稳定性升高。

为了改善传统的物化—生物处理流程，避免由生物处理工艺产生的一系列问题，伦海波等人[①] 提出了一级物化—板框压滤处理流程，用一级物化处理工艺代替物化—生物两级处理工艺，避免了生物处理工艺过

① 伦海波，张一婷.粘胶行业废水及污泥处理工艺研究[J].纺织导报，2014（3）：54-56.

程。优化后的处理流程包括曝气池、气浮池、氧化池、沉淀池，曝气池用于将酸性废水、碱性废水混合起来，去除硫化氢和二硫化碳气体；气浮池用于去除纤维素和油剂，可以有效降低废水的 COD；氧化池采用芬顿法，并选用过氧化氢作为氧化剂，以硫酸铁为催化剂，氧化废水中的溶解性有机物；沉淀池用于制造碱性环境，以沉淀去除锌离子、铁离子和剩余的硫离子。

6.3　印染行业废水的处理

6.3.1　印染行业废水概述

印染是一种纺织品的加工方式，是前处理、染色、印花、后整理与洗水等过程的统称。我国是纺织品大国，2024 年我国纺织服装出口额突破 3 000 亿美元，同比增长 2.8%。纺织工业的快速发展在拉动经济的同时，带来了环境污染问题，废水污染就是其中较严重的问题之一。纺织品的生产过程中排放的废水总量庞大，它在全国工业废水排放排名中"名列前茅"，并且纺织业废水中污染物种类多、数量大，根据生态环境部发布的《2022 年生态环境统计年报》，在所调查的 42 个工业行业中，纺织业的 COD 排放量位居第一、氨氮排放量位居第四、总磷排放量位居第三，这些数据表明纺织业废水污染程度极高。印染不仅是纺织品生产中的重要流程，也是产生纺织业废水的主要环节，印染行业废水排放量能够达到纺织业废水排放总量的 70% 以上。因此，若要对纺织业废水进行治理，则必须从印染行业废水入手。

6.3.1.1 印染行业废水的种类与来源

对于不同的印染厂家，工艺流程不同，产生的废水水质也有所差别。普遍来讲，纺织品的印染加工主要需要经过预处理、染色、印花和后整理四个阶段，其中在预处理阶段，纺织品需要经过烧毛、退浆、煮炼、漂白、丝光等工序。在不同阶段或工序中会产生不同种类的废水，废水中污染物种类也具有较大差异。

烧毛的目的是去除原布表面的绒毛，使布面更加光滑平整。该工序通过火焰完成，因此不产生废水。

退浆是将浆料从织物表面去除的过程。纺织厂在织布时会对布料进行上浆处理，以提高布料的强度和耐磨性。但这种浆料不仅会影响布料的吸水性，不利于后续的染色，还会增加染料的消耗量，因此在印染预处理中需要对布料进行退浆处理。退浆的主要思想是通过化学药剂将织物上的浆料水解或使浆料膨化。水解后的浆料在水中的溶解度升高，经过水洗即可去除；膨化后的浆料与织物表面的黏着力下降，经过水洗也可达到退浆效果。根据化学药剂（助剂）的不同，退浆可分为碱退浆、酸退浆、酶退浆和氧化剂退浆等，它们添加的化学药剂依次是碱、酸、酶和氧化剂，这些化学药剂与溶于水的各类浆料、淀粉碱等物质共同形成了退浆废水。

煮炼是进一步去除织物上残留杂质的过程。棉纤维中含有一些天然杂质，包括果胶质、蜡状物质和含氮物质等，这些杂质在棉花生长时就存在其中了。经过退浆后，大部分的浆料和天然杂质都会被去除，但小部分仍然会残留在织物上。这些杂质会使织物表面变黄，渗透性变差，因此需要完全去除这些杂质。煮炼就是通过将织物置于高温的浓碱溶液中进行长时间水煮，达到去除残留杂质的目的。碱溶液或其他煮炼助剂会与果胶质等天然杂质发生化学降解反应、乳化作用和膨化作用等，再经过水洗即可从织物上去除这些杂质。在该工序中，由于需要将织物水洗，所以会产生煮炼废水，其中含有果酸、蜡状物质等天然杂质的降解产物，还含有碱、煮炼助剂等污染物。

漂白的目的是去除织物色素，使织物获得稳定的白度，以便于后续的染色和印花。虽然经过煮炼的织物去除了残留杂质，但其上还存在天然色素，因而表面往往不够洁白，影响染色与印花效果，因此在对织物染色之前还需要进行专门的漂白处理。织物的漂白主要是通过漂白剂实现的，如次氯酸钠、过氧化氢、亚氯酸钠等，即先将漂白剂放入水中制成漂液，再将织物放入漂液中实现漂白。该过程中会产生大量漂白废水，废水中含有残余的漂白剂，以及少量的醋酸、草酸和硫代硫酸钠等。

丝光的作用是改善织物性能，使织物更光泽。在室温或低温环境下，将整体张紧的织物置于浓度较高的烧碱溶液中，即完成丝光。经过丝光后，织物纤维的横截面会变为椭圆形，对光的反射变得更加规律，织物的光泽度随之增强。此工序中会产生含碱量极高的废水，即便经过碱回收，废水 pH 值仍可达到 12 或 13。

染色，即给完成预处理的织物上色，它是一个比较复杂的工序。对于不同种类和品质的织物，染色工艺是不相同的，但基本思想都是通过浸泡、喷涂等方式使纺织品吸收染料。根据织物的种类和品质选择相应的染料和助剂，然后将染料和助剂按照一定比例制成染液，最后将织物浸入其中，配以加热、搅拌等操作使纤维充分吸收染液，完成染色。染色过程中会排放大量的染色废水，且水质波动较剧烈，染色废水中主要含有染料、助剂等物质，最重要的一点是色度较高。染色废水的处理是印染行业废水处理的重点和难点。

印花是用染料在织物上印上花纹的过程，将染料调配成色浆，然后依次经过印花纹、烘干、显色、固色等一系列操作完成织物的印花，最后需要进行皂洗和水洗，以去除多余色浆和浮色。印花废水主要来自调配的色浆，以及各类设备的冲洗水、皂洗和水洗过程中排放的废水。印花废水中主要含有染料、助剂等。

后整理是织物印染的最后工序，可以使织物获得更好的服用性能和更美观的外表。常用的后整理工艺有磨毛、压花、洗水、固色、防水、防风、抗静电、阻燃等。后整理废水水量较小，其中通常含有纤维屑、浆料等。

根据印染加工工艺流程分类，可将印染行业废水分为退浆废水、煮炼废水、漂白废水、丝光废水、染色废水、印花废水与后整理废水七种。这七种废水的酸碱性和特点如表 6-5 所示。

表 6-5　不同印染行业废水的酸碱性和特点

印染行业废水种类	酸碱性	特点
退浆废水	碱性，pH 值为 12 左右	水量小；污染物浓度高
煮炼废水	碱性	水量大；污染物浓度高
漂白废水	—	水量大；污染物浓度低
丝光废水	碱性，pH 值为 12 ～ 13	一般回收不排出
染色废水	碱性，pH 值为 10 左右	水量大；水质波动剧烈；色度高
印花废水	—	水量大；污染物浓度高
后整理废水	—	水量小；污染物浓度低

6.3.1.2 印染行业废水的特点

从整体来说，印染行业废水主要具有以下六个特点：

1. 水量大

印染加工过程中的煮炼、漂白、染色、印花等工艺都需要用到大量的水，因此会产生大量废水。

2. 成分复杂

由于印染过程中会添加大量的化学药剂，因此印染行业废水的成分十分复杂。印染行业废水中含有的污染物主要有纤维屑、染料与助剂。纤维是纺织品的主要原料，棉、麻、丝等属于天然纤维，除此之外还有化学纤维。天然纤维中含有较多杂质，包括油脂、蜡质、果胶质、色素、含氮物质等，这些杂质进入印染水中就成了污染物。染料出现于染色工艺中，用于给织物上色。染料种类有很多，对于不同织物应选择相应的染料，常见的染料有直接染料、活性染料、中性染料、分散染料、还原染料等。助剂在多个工序中都会用到，如退浆时加的碱、酸、酶，漂白时加的漂白剂等。常用的助剂有烧碱、纯碱、硫酸钠、表面活性剂等。以上物质使废水成分变得非常复杂。

3. 有机物含量高

废水中含有的纤维杂质、部分染料和助剂等会使废水中有机物含量升高。印染行业废水的 COD 和 BOD 都较高，COD 一般为 800 ～ 1200 毫克 / 升，BOD 一般为 200 ～ 800 毫克 / 升。BOD/COD 值很低，这说明印染行业废水的可生化性较差。

4. 色度高

这是印染行业废水突出的特点之一。染料分子使废水呈现出各种颜色，颜色的深浅与染料浓度和种类有关，这些颜色很难通过自然降解去除。去除色度是印染行业废水处理中的重要问题。

5. 碱性强

印染加工过程中常常使用烧碱等碱性物质，使废水的碱性很强。退浆、煮炼、丝光、染色产生的废水 pH 值通常都大于 10，这种废水具有十分强的碱性。这种强碱性对水生生物和水体生态环境的危害十分严重。

6. 水质变化大

不同的印染原料、染料、加工工艺会导致废水水质差异较大。例如，棉织物印染废水和化纤织物印染废水的成分和性质就有很大不同。

6.3.2　印染行业废水处理工艺

印染行业废水水量大、水质差且波动大、色度高、可生化性较差，若不经过处理直接排放到水体中会对自然环境造成严重危害，选择合适的处理工艺是降低危害的主要途径。

6.3.2.1 物理处理工艺

1. 吸附技术

吸附技术是物理处理工艺中比较常用的方法，它通过使用多孔性固体来吸附废水中污染物，从而使其得到去除。吸附技术主要用于去除废水中的溶解性物质，对于印染行业废水来说，利用吸附技术可以去除其中的可溶性染料，这不仅可以有效降低 COD 与 BOD，还可以实现降低色度的效果。郭向利等人[①]以一种粘土矿物——杭锦 2# 土为原料制成了新型吸附剂，该吸附剂对于印染废水的脱色具有显著效果，实验结果显示，它对单一染料废水的脱色率可达到 90% 以上。除粘土矿物外，活性炭也是一种较为常见的吸附剂，乔函等人[②]曾对活性炭吸附处理印染废水进行了研究，研究结果表明，活性炭对废水中 COD 的去除率可达到 66%。

运用吸附技术处理印染行业废水不需要任何设备、化学药剂，方法简单且效果显著。但缺点在于，吸附剂易饱和，且再生困难，频繁更换会导致成本上升。因此，吸附技术更适用于水量少、浓度较低的印染行业废水，常见于印染行业废水的深度处理阶段。

2. 膜过滤法

膜过滤法是利用膜将废水中某种污染物分离出来的方法，它能够选择性地分离废水中的污染物，对于有用物质还可以进行回收，因此在印染行业废水的处理中比较常见。膜过滤法大致可以分为四类，微滤、超滤、纳滤和反渗透过滤，每种方法对于印染行业废水都具有良好的处理

① 郭向利，姚亚东，尹光福，等.新型印染废水脱色材料的研究 [J].材料工程，2006（增刊 1）：113-116.

② 乔函，张璐，李薇，等.活性炭吸附处理印染废水及再生研究[J].化工新型材料，2022，50（增刊 1）：422-426.

效果。微滤主要作用于废水中的微粒和细粒物质，能够有效降低印染行业废水的 COD 和色度。超滤主要用于分离废水中的大分子物质和胶体颗粒，该方法对于印染行业废水的处理效果更加显著，选择合适的滤膜可使脱色度达到 100%，COD 去除率达到 95%。纳滤是一种新型膜分离法，可将溶液中 1 纳米的分子分离出来，适用于处理含有直接染料和活性染料等水溶性染料的印染行业废水。反渗透过滤改变了自然渗透的方向，将原本浓度较高的溶剂压到半透膜另一边，这种方法仅靠浓度和压力就能达到分离污染物的目的，不仅可以去除污染物，还可以实现回用。

膜过滤法不需要购买设备，也不需要添加物质，能够节能无污染地处理废水，且处理效果好、效率高。但是由于膜本身价格比较昂贵，因此该方法的成本并不低，对于不同物质的分离也需要选择相应的膜材料。

3. 气浮法

气浮法首先通过曝气装置向废水中引入大量气泡，然后使用絮凝剂使废水中较小的污染物离子形成絮体，最后絮体依靠气泡的浮力上升至水面，从而得到去除。利用气浮法处理印染行业废水可以有效去除其中的酸性染料、直接染料和阳离子染料。气浮法成本较低，流程简单，该方法可以显著降低废水的 COD 和 BOD，但对废水的脱色效果不太理想。

4. 过滤与沉淀

过滤与沉淀主要用于去除废水中的大颗粒悬浮物，常见于废水处理的预处理阶段。

6.3.2.2 化学处理工艺

1. 微电解法

微电解法是利用铁－碳或其他电极组合在废水中形成的原电池及

电解产物去除污染物的方法。微电解法不仅可以去除印染行业废水中的可溶性染料，还可以提高 BOD/COD 的数值。王延峰等人[①] 用铁碳微电解 $-H_2O_2$ 对印染废水进行了处理，实验结果表明，出水的 BOD_5/COD 较原水提高了 0.24，若再向其中加入过氧化氢，该值上升至 0.41。这意味着废水的可生化性得到了提升，为后续使用生物处理工艺对高浓度废水进行深度处理提供了有利条件。另外，微电解法对于印染废水的脱色也有较好表现。

用微电解法处理印染行业废水具有效率高、效果好且稳定、污泥产生量少等优势，主要缺点在于，电极材料的消耗会使成本升高。

2. 化学氧化法

化学氧化法是印染行业废水脱色的主要方法。在废水中加入强氧化剂，使染料分子中发色基团的不饱和键断开，从而失去发色能力，可以达到废水脱色的目的。化学氧化法的氧化剂主要为空气、氧气、臭氧、氯气、过氧化氢等强氧化物。化学氧化法对废水中 COD 的去除效果不明显，但脱色效果十分显著，可使脱色率达到 95% 以上，适用于色度较高废水的深度处理。但该方法容易在废水中引入其他化学物质，造成二次污染。

3. 混凝法

混凝法是通过向废水中加入絮凝剂，使废水中的胶体颗粒和悬浮物失去稳定性并相互碰撞形成絮凝体的方法，对于形成的絮凝体可以利用物理处理工艺中的沉淀技术或气浮法去除，因此混凝法多与沉淀技术或气浮法组合使用。混凝法主要作用于印染行业废水中的染料、浆料、助剂，对于不同污染物需要选用不同的絮凝剂。例如，对于部分直接染料、分散染料、还原染料及硫化染料可以选用铝盐、铁盐等无机絮凝

---

① 王延峰，李亚峰. 微电解 $-H_2O_2$ 处理印染废水的实验研究 [J]. 工业安全与环保，2009, 35 (2): 9-10.

剂；对于分子量较小的水溶性染料则需要选用有机絮凝剂。

混凝法具有成本低、处理效果较好的优势，COD 和 BOD 去除率较高，但脱色率较低，因此混凝法无法用于印染行业废水的脱色，产生的化学污泥还会带来二次污染。

6.3.2.3 生物处理工艺

生物处理工艺主要用于去除印染行业废水中的有机污染物。

1. 活性污泥法

活性污泥法不仅能够大量分解废水中的有机污染物，降低 COD 与 BOD，还能够去除一部分色度。该方法对 BOD 的去除效果最显著，一般去除率能达到 80%～95%，COD 的去除率一般为 40%～60%，脱色率仅为 30%～50%，因此活性污泥法更适用于处理 BOD 较高的印染行业废水。

用活性污泥法处理印染行业废水时，效率较高、灵活性和可调控性较强，但会出现污泥膨胀的问题。该方法对废水色度的去除效果较差，因此当对出水色度要求较高时，不宜采用该方法，或采用与其他处理工艺组合的方法。

2. 生物膜法

生物膜法与活性污泥法的作用原理相同，只是生物膜上的食物链更长，微生物活性也更高，这使生物膜法对废水中有机污染物的去除效果要高于活性污泥法。通常情况下，生物膜法的 BOD 去除率为 85%～95%，COD 的去除率一般为 40%～60%，脱色率为 50%～60%。即便去除效果有所提升，但 COD 和色度的去除率仍然较低，因此生物膜法同样不适用于处理色度较高的废水。

生物膜法的污泥产生量较少，不仅避免了污泥膨胀的问题，还降低了污泥的处理成本，但 COD 和色度去除率不高的缺点使其应用受到了限制。

3. 厌氧生物处理技术

印染行业废水的可生化性不高，这是无法单独用好氧生物处理技术去除废水中有机污染物的主要原因。厌氧生物处理技术能够提高废水的可生化性，对于浓度较高、可生化性较差的印染行业废水，厌氧处理可以将部分难降解的大分子有机物分解为小分子有机物，从而使废水的可生化性提高，有利于后续的好氧处理。若单独使用厌氧生物处理技术，出水水质可能无法达到排放要求，利用其能够提高废水可生化性的特点，将其与好氧生物处理技术组合使用，能够进一步增强处理效果。

6.3.2.4 多级处理工艺

印染行业废水成分复杂，污染物种类差别较大，应用一种处理工艺往往无法达到排放标准，因此在实际处理中，通常会将多种工艺组合起来形成多级处理工艺，分阶段地处理印染行业废水。对于不同污染物，设置有效的处理工艺，注重处理工艺的特点及它们之间的联系，可以使效果更好。例如，化学处理工艺中的铁碳微电解法可以提高废水的可生化性，将它作为好氧处理的前置处理工艺可能会得到更好的去除效果。"铁碳微电解—芬顿氧化—生物接触氧化"组合工艺对印染高浓度有机废水中的难降解有机物和色素都有较好的去除效果，其中 COD_{Cr} 浓度从 1 500 毫克/升下降至 48 毫克/升，色度由 400 下降至 15。[①]

对于不同的处理阶段可选择不同的处理工艺，预处理一般为物理处理工艺，具体可选择的处理工艺如表 6-6 所示。

---

① 伦海波，张一婷．印染高浓度有机废水处理工艺研究[J].纺织导报，2014（7）：103-105.

表6-6 印染行业废水多级处理工艺

处理阶段	工艺	作用
预处理	沉淀	去除泥沙等较重的无机颗粒
	调节池	平衡水质水量；降低废水温度
	吸附技术	去除溶解性污染物
	膜过滤法	去除一定范围内粒径的物质或胶体颗粒
主处理	生物膜法	吸附、降解有机污染物
	活性污泥法	去除有机污染物
	厌氧生物处理技术	去除有机污染物，提高废水可生化性
	混凝法＋气浮法	使胶体颗粒和细小颗粒转化为絮凝体，再通过气浮法去除
	微电解法	去除可溶性染料，提高废水可生化性
深度处理	化学氧化法	使废水脱色
	吸附技术	进一步吸附残留有机污染物和色度

6.4 洗车行业废水的处理

6.4.1 洗车行业废水概述

近几十年来，汽车从早期的奢侈品发展到如今大规模自动化生产的大众交通工具。截至2024年，我国机动车保有量达到了4.53亿辆。汽车在使用期间需要进行定期保养与清洁，汽车数量的增多使洗车行业产生的废水量也逐年增加。若随意排放洗车行业废水，不仅会造成水资源的浪费，还可能会对自然环境产生损害。

6.4.1.1 洗车行业废水的来源

相比于其他工业行业，洗车行业废水的来源十分简单，主要包括车辆的冲洗水和洗车场地的清洁水两方面。

车辆冲洗废水是洗车行业废水的主要来源。车辆在行驶过程中会不可避免地受到外界的各种污染，其车身上会黏附大量污染物，在洗车时这些污染物进入水中形成了洗车行业废水。在清洗车辆车身、轮胎、底盘等部位时，会产生含有泥沙、污垢、油污、清洁剂的废水，同时，车身表面的油脂、鸟粪等污染物被冲洗下来进入废水。洗车可分为机洗和人工洗两种，机洗产生的废水中石油类产品较多，而人工洗产生的废水中洗涤剂含量较高。

为保持洗车场地的清洁，需要定期对场地进行冲洗，这些冲洗水也成了洗车行业废水。场地地面会残留从车上冲洗下来的各种污染物，在冲洗场地时，这些污染物就会随着水流形成废水。

6.4.1.2 洗车行业废水的特点

1.污染程度较低

与其他工业行业废水相比，洗车行业产生的废水污染程度较低，且其中不含重金属、化学药剂等有毒污染物。

2.悬浮物浓度较高

车辆行驶过程中会沾染大量泥沙，在洗车时，这些泥沙被冲进废水中，使废水中含有较高浓度的悬浮物。

3.油类物质含量较高

车辆表面会有润滑油、燃油、润滑脂等油污，这些油污会在洗车过程中进入废水，其主要成分包括矿物油和动植物油。

4.含有清洁剂

洗车过程中会使用各种清洁剂，如洗车液、洗洁精等。这些清洁剂既含有脂肪醇聚氧乙烯醚和烷基酚聚氧乙烯醚等非离子表面活性剂、烷基硫酸钠和膦酸醋盐等用于润滑和光亮的阴离子表面活性剂，也含有一些磷酸盐等物质。这些物质使废水含有一定的 COD 和 BOD。

5.水质水量变化较大

洗车行业的经营时间和车辆清洗频率不固定，导致废水的产生量不稳定。同时，车辆的污染程度不同，会使废水水质有所差异。

6.4.2　洗车行业废水处理工艺

由于洗车行业废水污染程度较轻，经过简单有效的处理工艺净化后废水即可排放或实现循环回用。洗车行业废水的处理主要存在两种情况，一种是集中处理，在车辆较多的停车场、运输中转站等场所，洗车行业废水的产生量很大，油类物质等污染物浓度相对较高，此时需要建立一个完备的处理工艺对废水进行处理，可以采用多级处理工艺，以达到排放或回用要求；另一种是分散处理，在城市中存在很多小型和大型洗车店、加油站，由它们产生的废水的 COD、BOD、SS 等都比第一种要高，但由于其规模较小，所以应该选择经济性高、占地面积小且处理效果好的处理工艺。

6.4.2.1 单级处理工艺

对于洗车行业废水这种污染程度不高、水量也相对较小的废水，采用物理处理工艺或化学处理工艺是比较合适的。

1.沉淀与过滤

沉淀和过滤是最简便、最易操作的处理工艺，对洗车行业废水的处理尤为有效。洗车行业废水中的主要污染物就是大颗粒的泥沙和悬浮物，运用沉淀和过滤能够以较低的成本轻松地将其去除。

2.气浮

气浮可以用于去除洗车行业废水中的油类物质。当向废水中注入微小气泡时，由于油滴和气泡之间存在黏附作用，所以油滴等疏水性污染物会附着在气泡上，随气泡上浮到水面然后被去除。该种方法操作简单，成本较低，对油类污染物的去除效果较好。

3.混凝沉淀

混凝可以用于去除洗车行业废水中的悬浮物、部分有机物和磷酸盐等污染物。在洗车行业废水中加入混凝剂，如聚合氯化铝、聚丙烯酰胺等，聚合氯化铝水解产生的多核羟基络合物可以中和废水中胶体颗粒的电荷；聚丙烯酰胺则通过长链分子的吸附架桥作用，使胶体颗粒和微小颗粒凝聚成较大的絮体，生成的絮体可以被引入沉淀池，通过生成沉淀去除，也可以被引入气浮池，通过曝气去除。

以上工艺属于物理处理工艺或化学处理工艺，生物处理工艺主要用于去除废水中的有机污染物，且其建设成本与运行成本较高，一般不适用于洗车行业废水的处理，所以此处不做讨论。

6.4.2.2 多级处理工艺

对于大型洗车行业废水，需采用多级处理工艺，以保证出水水质。

1.沉淀—除油—过滤

该多级处理工艺是一种传统的洗车行业废水处理工艺。洗车行业废水首先进入沉淀池，其中大部分泥沙等颗粒物会在重力的作用下沉淀在池底，沉淀时间一般需要根据水量和沉淀池大小确定。这一过程能够有效去除大部分大粒径固体颗粒。沉淀池出水进入斜板除油池，由于油类物质与水的密度存在差异，油类物质会漂浮在水面上，通过撇油装置可将油层去除。这一步可以有效减少废水中的油污，防止油污对后续过滤设备造成堵塞和污染。经过除油的废水会进入过滤设备，如砂滤器，它利用不同粒径的砂粒组成滤层，截留废水中残留的细小悬浮物和部分有机物。过滤过程可以进一步净化废水，使处理后的洗车行业废水达到排放标准或回用标准，以减少对环境的污染，实现水资源的合理利用。

这种工艺流程相对简单且成本较低，适用于普通情况的洗车行业废水处理。由于需要设置沉淀池、除油池等构筑物，因此占地面积比较大。另外，出水水质可能达不到排放标准或回用标准，还需要进行更深度的处理。

2. 混凝—砂滤—膜过滤

该多级处理工艺是一种比较高效且处理效果较好的洗车行业废水处理工艺。首先在废水中加入混凝剂，废水中的大部分悬浮物和部分有机物等微小颗粒会聚集成较大絮体，絮体沉淀至池底后可以被轻松去除。选择混凝剂时应考虑洗车行业废水的实际情况和混凝剂本身情况，降低洗车行业废水浊度的混凝剂有聚合氯化铝、氯化铁和硫酸亚铁等，其中聚合氯化铝与氯化铁的去浊度效果要强于硫酸亚铁，并且氯化铁混凝剂会对膜过滤设备产生损害，因此经过综合考虑，聚合氯化铝是比较适合的混凝剂。经过混凝池的初步处理后，废水浊度与COD能够明显下降。

经过混凝沉淀的废水进入砂滤池，石英砂等过滤材料会截留废水中剩余的细小悬浮物与胶体颗粒等，进一步降低废水浊度。另外，通过过滤作用还能去除部分有机物，提高废水的水质。经过砂滤的废水会进入膜过滤装置进行深度处理。在膜过滤阶段，废水中残留的大分子有机物、细菌、胶体颗粒、微小颗粒等污染物都会得到有效去除。经过膜过滤后，废水的水质通常可以达到排放标准，甚至可以达到回用标准。

刘昕[①]曾通过"混凝沉淀—砂滤—超滤"工艺流程，对某洗车厂的洗车废水进行了净化处理，实验结果表明，该多级处理工艺对洗车废水的浊度和COD去除有优秀表现，浊度去除率可达98.7%，COD去除率也可达到70%。实验结果还表明，如果不进行混凝处理，只采用"砂滤—超滤"工艺，废水的浊度去除率会略微降低，但COD去除率会

---

① 刘昕.洗车废水循环利用过程中超滤处理工艺的应用探讨[J].科技与创新，2015（3）：119.

大幅度减小，这说明混凝沉淀在该多级处理工艺中具有重要作用，对
COD 的去除效果远远强于砂滤与超滤。

与"沉淀—除油—过滤"工艺相比，该工艺具有更好的处理效果，
可以使废水的浊度和 COD 满足排放标准或回用标准。该工艺占地面积
更小，能够承受一定范围内的水质、水量波动。该工艺更适用于大型洗
车场或集中处理洗车行业废水的场合，可以保证良好的经济效益和环境
效益。

洗车行业废水实质上属于污染程度较低的一种工业废水，因此对其
进行有效的处理后实现回用具有重要意义。除了传统的处理工艺，对洗
车行业废水的处理还可以采用一些新型的技术，如膜过滤、好氧生物处
理技术等，这些新型技术对于去除其中的油类物质、有机物与洗涤剂可
能更加有效。但在选择洗车行业废水处理工艺时需要重点考虑的一点就
是经济性问题，对于大型或小型洗车场，集中或分散处理厂，都应该
选择最适合的处理工艺。例如，对于大型洗车场可设立专门的废水处理
站，采用更高效的处理工艺；对于小型洗车场则可以将沉淀池等处理设
施建在地下，不必设置废水处理站。总体而言，对洗车行业废水的处理
应以高效、简单、经济为原则，以达到回用标准为目标。

第 7 章　可持续发展背景下工业废水处理的发展策略

7.1　加快生产方式的绿色化转型

生产方式的绿色化转型是促进经济社会发展全面绿色转型中的重要一环，也是实现社会可持续发展的必经之路，更是贯彻绿色发展理念的主要载体和重要支撑。总体来说，它具有关键的战略地位。生产方式绿色化的重点是解决生产发展与环境污染之间的矛盾，这不仅关系着资源和生态，也影响着社会高质量发展和可持续发展进程。就工业废水而言，工业行业的生产方式更加绿色化对于减少废水排放、降低废水毒性、提高废水的可回收率等多个方面具有重要意义。

7.1.1　加快生产方式绿色化转型的意义

绿色生产方式主要体现为科技含量高、资源消耗低、环境污染少的绿色生产体系，因此加快生产方式的绿色化转型对于提高生产效率、降低生产成本、减少资源浪费、降低环境污染等经济层面和环境层面都具有巨大作用。

在生产方式绿色化转型的初期，企业可能需要投入一定的资金进行设备更新、技术改造等，但从长期来看，高效的生产和较低的成本会使企业获得更大的经济效益。另外，绿色生产方式能够降低生产过程中污染物的排放，如废水的排放，降低企业的用水成本、废水处理成本和原料成本，从而进一步提高企业的经济效益。

随着社会对环境保护的要求越来越高，消费者和市场对绿色产品和绿色生产方式的认可度也在不断提高。企业加快生产方式绿色化转型有利于树立良好的环保形象，提升品牌价值，增强市场竞争力，促进绿色产业的发展，推动整体经济的可持续增长。

绿色生产方式通过采用更加环保的原料、工艺等，可以有效降低工业废水的排放和其中的污染物浓度，降低工业废水的处理难度，减轻其对水体、土壤和大气等环境的污染，保护生态环境和生物多样性。绿色转型鼓励企业采用节水工艺和水循环系统。将部分经过处理的工业废水重新用于生产过程，可以提高水的重复利用率和废水的回收利用率，减少新鲜水的取用，有助于缓解水资源短缺的压力，实现水资源的可持续利用。尤其在一些缺水地区，绿色生产方式对于保障工业生产用水和居民生活用水具有重要意义。

从社会的整体发展层面看，绿色生产方式可以降低工业废水排放和污染程度，能够减少因水污染导致的疾病发生，保障公众的身体健康。另外，加快工业废水领域的生产方式绿色化转型，会带动相关产业的发展，如环保设备制造、废水处理技术研发、资源回收利用等产业，促进产业升级和经济结构调整，为社会创造更多的就业机会和经济价值。

7.1.2　加快生产方式绿色化转型的策略

生产方式绿色化要求企业以节能、减排、增效为目标，建立起一个科技含量高、资源消耗低、环境污染少的产业结构和生产方式。具体来说，工业生产应从产品绿色设计、原料结构调整、生产工艺流程改进及生产设备更新升级四个层面加快生产方式绿色化转型。

7.1.2.1 产品绿色设计

绿色设计这一概念最早出现于 20 世纪 70 年代，发展至今已经具备了具体明确的概念，并且已在多个行业完成了实践。绿色设计，也称生态设计或环境设计，它要求产品的设计着重考虑全生命周期内的环境属性，包括产品整体结构的可拆卸性、使用过程中的可维护性、使用后的可回收性与可重复利用性等多个方面。简单来说，绿色设计是在保证产品的使用功能、寿命、质量等要求的前提下，以尽可能高的环境属性为目标，对产品进行设计，使产品在全生命周期中消耗最少的能源，产生和排放最少的污染物。

产品的绿色设计是一个复杂的过程，传统的产品设计仅关注从生产到使用这一过程，而绿色设计将这一过程延长至使用后的回收利用和废物处理，更加注重产品对环境的影响。绿色设计需要对产品全生命周期中的每个阶段进行对应的思考。在产品的设计开发阶段，选择可循环利用的产品；在产品的生产制造阶段，采用与环境相适应的生产工艺流程；在包装、运输、销售阶段，需要尽可能地不对环境造成危害；在产品的使用与维护阶段，应保证产品的使用与环境相容；在产品的回收处理阶段，应考虑其剩余价值，并且在合理的范围内对其进行拆卸，将有用部分回收，以重新应用于生产制造或其他产品的维修中，将不可用部分合理处置。

绿色设计已经被应用于建材、机械、化工等多个行业的产品设计中，且能够获得良好的经济效益与环境效益。某电器电子产品生产企业通过绿色设计提高了产品中可再生、可循环利用原料的使用比例，并严格限制了有毒有害物质的使用，该企业开发的绿色设计产品销售额可达总销售额的 67.2%。

产品的绿色设计对企业生产方式的绿色化转型具有多重意义。首先，绿色设计可以减少资源消耗，该设计方法强调产品的可循环利用，报废后的产品经过拆卸并回收可被再次投入生产，并且产品的制造工艺更加合理，这大大减少了资源消耗。其次，绿色设计可以减少废物的产生，该设计方法降低了产品全生命周期对环境的影响，更多地采用了环保材料和可回收、可降解的设计方案，这种做法能够大大减少产品生产和使用过程中产生的废物，以及降低废物处理的难度。最后，绿色设计更注重人与自然的关系，它以改善生态环境、满足人类需求为目标，通过该方法设计的产品不仅有益于环境保护，更有益于人体健康。

7.1.2.2 原料结构调整

原料结构是指一个产品中各种不同种类的原料之间的相互联系和量的比例关系，原料结构调整包括对原料种类及原料比例的调整。原料种类的选择应更加绿色化，通过采用可再生、低污染、高利用率的原料替代传统高能耗、高排放原料，能从源头上降低资源消耗与污染物排放，有效减轻环境压力。调整原料比例应通过多次实验精准优化用料比例，这能够在很大程度上减少原料浪费。

以造纸工业原料为例，传统造纸的主要原料多为木材，因此造纸被认为是造成森林覆盖率降低的主要原因。我国造纸工业发展迅速，仅靠木材难以满足纤维原料庞大的需求，且我国森林覆盖率低，木材供应紧张，人工林建设需要资金和时间，过多依靠进口会加重外汇负担，这在经济上与环境上都不符合可持续发展理念。为了摆脱这种困境，调整造纸原料结构迫在眉睫。将原本以木材纤维为主的原料结构调整为以非木材纤维为主、木材纤维为辅的结构，充分利用再生纤维和废纸，减少木材纤维的使用量，不仅能够减少树木的消耗，还可以实现废物的循环利用，从而降低成本。经过一系列的造纸原料结构调整，目前我国造纸原料结构已基本达到最优水平，2022 年的造纸原料结构为废纸 56.9%、木浆 38.3%、非木浆 4.8%。废纸在原料中占据绝大部分，在很大程度上实现了资源循环利用。

在原料选择上，鼓励使用再生材料和废弃资源，可以降低对原生资源的依赖。在原料比例上，精准配比能够提高原料的利用率，减少生产过程中的浪费。这两种调整原料结构的做法不仅可以减少因原料开采和加工产生的废物排放，更有助于推动企业节能减排，实现清洁生产，提升资源利用效率，在整体上加速生产方式朝着绿色化方向转型升级。

7.1.2.3 生产工艺流程改进

生产工艺流程的改进是企业生产方式绿色化转型的必要举措，能够带来巨大的经济效益与环境效益。改进生产工艺流程就是推动技术创新的过程，通过优化生产工艺流程，减少了不必要的生产环节和等待时间，使设备运转更加高效，利用率更高。完善的生产工艺流程能够大大提升生产效率，同时，生产成本会随之降低，因为流程优化不仅会减少原料及能源的消耗，还能减少废物的产生，所以整体的生产成本更低。生产工艺流程改进在推动经济快速发展的同时，有益于节能和环保事业，可以使企业实现资源的高效利用。利用废物回收工艺还可以实现资源的循环利用，这在很大程度上解决了资源浪费问题。另外，通过改进生产工艺流程，生产过程中的污染物排放量也会有所减少，这会降低生产对环境的影响。就目前生产工艺流程的改进来说，通过用节能型、清洁型生产工艺替代传统工艺，以及在生产后增加废物回收工艺的方式，可以促进绿色化转型。

节能型工艺是指通过先进的生产工艺，降低生产过程中能源消耗的工艺。例如，在如今的纺织品生产过程中，采用自动化纺纱机、高速编织机等自动化的现代纺织机械，再通过变频驱动器和高效电极等辅助设备，就可以实现电力和热能的精准控制，从而有效减少能源消耗。又如，采用高效的蒸发、干燥等工艺，或将废水回收重新用于工业生产，可以减少用水量和废水产生量。通过废水回收工艺，某聚氯乙烯生产企业年用水量由 260 万吨下降至 200 万吨以下，节约成本约 220 万元。

清洁型工艺聚焦于生产过程中产生的污染物情况，通过对工艺或原料的改进，使生产过程尽可能少地排放污染物或降低污染物的处理难度。以印染行业为例，在织物印染的过程中会产生大量废水，且废水中污染物成分复杂，废水处理的难度较大，若不进行处理则会对环境造成较大危害。随着社会环保意识的增强，研发清洁型印染工艺迫在眉睫，无水染色技术由此诞生。无水染色技术是一种新型的绿色染色技术，选用非水染色介质对织物进行染色，如超临界二氧化碳染色，它就是以二氧化碳为染色介质进行染色的方法。无水染色过程无须在水环境中进行，因此不会产生废水。染色完成后，还可对染色介质与染料进行分离，实现染色介质的高度循环利用。在印染行业广泛推行这种无水染色技术可使纺织行业的废水大幅度减少。除了印染行业，其他行业也可通过工艺改进降低污染物排放，化工行业可用连续化生产工艺代替间歇式生产工艺，以降低废水的产生量和污染物浓度。

废物回用技术是指对生产过程中排放的废物进行回收利用的技术。在工业生产中常会产生废物，将这些废物收集起来，经过一定处理，能够使其重新用于生产活动中。例如，将经过处理的工业废水用于设备冷却、清洗、绿化灌溉等非生产关键环节，或者工业废水经过深度处理后回用到生产工艺中，可以减少新鲜水的取用。如此废物得到了合理处置，能够减少资源浪费。

7.1.2.4 生产设备更新升级

2024 年 3 月，中华人民共和国国务院发布《推动大规模设备更新和消费品以旧换新行动方案》，方案指出："推进重点行业设备更新改造。围绕推进新型工业化，以节能降碳、超低排放、安全生产、数字化转型、智能化升级为重要方向，聚焦钢铁、有色、石化、化工、建材、电力、机械、航空、船舶、轻纺、电子等重点行业，大力推动生产设备、用能设备、发输配电设备等更新和技术改造。"生产设备的更新升级是企业加快生产方式绿色化转型的主要途径之一。对于工业行业的生产设备，其更新升级主要体现于两方面，分别是高效设备和智能化设备。

随着科学技术的进步和研究的深入，各行业的生产设备也越来越高效。这些高效设备不仅提高了生产效率，更重要的是改善了原料利用不充分的问题，提高了原料的利用率，因而节约了更多资源。高效设备还有利于废物的减排，减少设备运行过程中产生的污染物。例如，采用高效的过滤设备、离心设备等，可以减少废水处理过程中的污泥产生量；使用低能耗的泵、风机等设备，可以降低能源消耗。

生产设备智能化也是工业领域的一大发展趋势。如今，人工智能、大数据、物联网等新型技术逐渐发展成熟，也在越来越多的领域得到了成功应用。把这些新型的、智能化的技术融入工业生产中，将为工业领域的高效发展开辟新路径。利用智能化设备，对生产过程进行实时监测和控制，优化生产工艺参数，可以提高生产效率和废水处理效果。例如，通过传感器实时监测废水的水质、流量等参数，根据监测结果自动调整废水处理设备的运行状态，可以确保废水达标排放；利用人工智能设备对废水处理过程进行智能建模和优化控制，可以提高处理效率和降低运行成本。

7.2　推动环保产业的高速发展

环保产业是以环境保护为目的，并为其提供物质基础和技术保障的产业。人类社会的快速发展导致环境污染问题日益严重，因此催生出环保产业，以减少人类对自然环境的破坏，保证人与自然的和谐共生。我国政府同样对环保产业十分重视，相继出台了多部法律法规，为环保产业的发展营造了有利的政策环境，加大了对环境污染的整治力度。环保产业分为多个领域，依据处理的污染物不同可分为大气污染治理、水污染治理、固体废物治理和噪声控制，其中水污染治理即对废水与污水的处理，主要包括工业废水和居民生活污水。工业废水以其毒性大、危害重的特点需要被重点处理。

目前，我国工业废水处理产业已基本形成成熟的产业链，如图 7-1 所示。工业废水处理产业链的上游环节负责供应废水处理的各种原料、配套设施与设备，并为工业废水处理提供必要的技术支持；中游环节主要负责工业废水处理设施的建设，以及设备的运营、管理、监管、维护等；下游主要为工业废水处理的末端市场，包括中水回收、污泥处理和废水排放等后续环节。

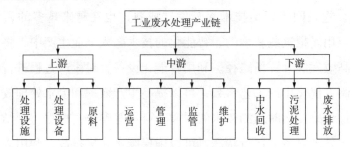

图 7-1　工业废水处理产业链

我国工业废水处理产业兴起于 20 世纪 60 年代，当时一批工业废水处理设施和处理厂刚刚出现，但由于相关技术人才的缺乏，废水的整体处理情况不佳。到 20 世纪 80 年代，得益于城市排水设施的发展完善与国家政策的扶持，一大批工业废水处理设施建立起来了。发展至今，工业废水处理产业已十分成熟，处理设施不断完善，市场化程度不断加深，其已经成为废水资源化利用、企业高质量和可持续发展，以及自然环境保护的重要组成部分。

我国 2017—2022 年工业废水处理产业变化情况如图 7-2 所示。截至 2022 年，我国共有废水处理厂 2 930 家，对比 2017 年的 2 209 家，涨幅约达到 33%。如今，几乎每家大型工业产品生产企业都配备自己的废水处理设施或设备，这不仅意味着我国对工业废水处理的重视，更显示了我国工业废水处理能力的提高。

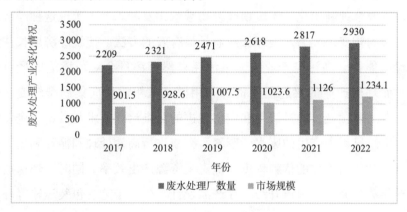

图 7-2　我国 2017—2022 年工业废水处理产业变化情况

根据政府数据，我国工业废水排放量由 2010 年的 237 万吨下降至 2019 年的 134 万吨，下降幅度约为 43%；工业废水重复利用率从 2015 年的 89% 提高至 2021 年的 92.9%。以上数据表明，我国工业废水处理能力及工业废水的循环利用能力提升幅度明显，循环利用率有望在 2025 年达到 94%。

在未来发展中，在实现工业废水减排的同时，应继续发展工业废水处理产业，从工业废水处理的全产业链出发，推动各级环保产业高速发展。这对工业行业乃至全社会实现可持续发展都起到了重要作用。

7.2.1　推动环保产业高速发展的意义

环保产业已经成为 21 世纪的朝阳产业，更是促进环境、经济、社会全面协调可持续发展的主导产业。推动环保产业高速发展对改变经济增长方式、促进生态环境保护和增强社会稳定性发挥着关键作用。

7.2.1.1 改变经济增长方式

如今，新型的社会发展方式要求企业由传统的单纯发展经济向高效、绿色、可持续发展方向迈进，因此各产业的生产过程也应向无害化、资源合理利用化、无废物或废物减量化发展。为了实现这种经济增长方式的转变，大力发展环保产业是最有效的方法。传统经济增长往往依赖高能耗、高污染产业，大量消耗自然资源且会对环境造成严重破坏。而环保产业的兴起促使资源利用模式从粗放型向集约型转变。例如，在工业领域，通过研发和应用先进的污染治理技术与设备，企业能够对生产过程中产生的废水、废气、废渣进行高效处理和循环利用，这降低了对原始资源的依赖程度，提高了资源产出效率。同时，环保产业带动相关产业进行绿色升级，在产品设计、生产工艺、包装运输等环节融入环保理念，从而优化整个产业链结构，以创新驱动、绿色低碳的新型经济增长模式逐步替代过去的高污染、高消耗模式，实现经济与环境的协调发展。

7.2.1.2 促进生态环境保护

发展环保产业产生的最大效益就是促进了生态环境的保护，这也是环保产业产生的初衷。通过技术创新、资源化利用和高效的治理模式，工业废水中的污染物将大幅减少。高效的处理技术能够去除废水中的重金属、有机物、营养盐等污染物，防止其进入自然水体，保护河流、湖泊、海洋等生态系统的水质。例如，经过深度处理后，化工行业废水中的有毒有害物质含量显著降低，减少了对水生生物的毒害，维护了水生态环境的健康。

环保程度提高会促进生态系统的平衡，减少工业废水污染有助于保护生态系统的完整性和稳定性。当废水得到有效处理后，受纳水体的生态功能可以逐渐恢复，水生生物的栖息地得到改善，生物多样性得以维持和增加。比如，在一些曾经受到工业废水严重污染的河流中，随着废水治理措施的加强，鱼类、藻类等水生生物的种类和数量逐渐增多，河流生态系统重新焕发生机。

7.2.1.3 增强社会稳定性

从整个社会层面看，发展环保产业能够增加就业机会，保障公众健康，提高人们的环保意识，有助于社会的可持续发展。

环保产业的高速发展本身会创造大量的经济价值，从技术研发、设备制造、工程建设到运营管理，会带动一系列相关产业的发展。在工业废水处理产业链的下游，废物收集和末端处理延伸出机械设备制造产业；新型废水处理设备的研发会促进材料科学、机械制造等行业的进步；废水处理工程建设会带动建筑、安装等行业的繁荣。机械产业、建筑产业等都属于劳动密集型行业，大力发展这类行业会产生大量就业机会，缓解社会的就业压力。

环保产业发展过程中会使各类污染物得到有效处理，避免污染物对人类产生直接或间接伤害。有效处理工业废水可以防止有害物质通过食物链等途径进入人体，减少水污染相关疾病的发生，保证公众的生命健康安全。

环保产业的高速发展会引起社会各界对环境保护的关注，提高公众的环保意识。企业在参与废水治理过程中，会更加注重绿色生产和可持续发展理念，使社会整体的环保氛围更加浓厚。这种意识的提升有助于推动整个社会在经济、环境和社会等各个方面的可持续发展。

7.2.2 推动环保产业高速发展的策略

推动环保产业高速发展要从建立环保产业技术与专家储备库、加强资源化利用与循环经济、开拓第三方治理模式和发展环保产业集群四个方面进行，力求全面高效地实现环保产业发展。

7.2.2.1 建立环保产业技术与专家储备库

环保产业的创新与可持续发展离不开强大的技术支撑和专业人才引领。建立环保产业技术与专家储备库，旨在整合国内外前沿技术资源和顶尖专业人才智慧，为环保产业高速发展注入核心动力。在技术方面，鼓励各环保企业创新技术，研发新型高效的污染治理工艺，为提升污染物治理的技术水平和装备制造水平打下坚实基础。在专家方面，储备库应囊括全国各重点大学、研究院、重点企业的技术专家、学者及业内权威人士等，为环保产业的高速发展奠定人才基础。

对于工业废水处理产业而言，储备库的建立同样是推动其发展的重要措施。积极收集并筛选全球先进的工业废水处理技术，如高效生物处理技术、膜分离技术及深度氧化技术等，通过建立技术档案和评估体系，精准匹配不同工业废水类型与处理技术。广泛吸纳工业废水处理领域的专家学者、资深工程师及科研人员入库，搭建交流合作平台，针对工业废水处理中的难降解有机物处理、高盐废水零排放等棘手问题展开联合攻关，加速技术成果转化应用，提升工业废水处理的整体技术水平与创新能力。

7.2.2.2 加强资源化利用与循环经济

将环保产业纳入循环经济体系，通过资源的高效循环利用实现经济效益与环境效益双赢，是推动环保产业可持续发展的重要路径。循环经济是一种新型的经济发展模式，全称为资源循环型经济，它以资源节约和循环利用为导向，强调经济发展与资源环境之间的协同关系。环保产业作为环境保护的支柱产业，在循环经济中的作用是不可忽视的。

对于工业废水处理产业的循环经济，可以从以下两个方面实现：

一是物质回收。采用先进工艺从工业废水中回收有价值的物质，如金属资源、化工原料等。例如，通过离子交换、吸附等技术回收电镀废水中的重金属，既减少了污染物排放，又创造了经济价值。

二是中水回用。建设完善的中水回用系统，对处理后达标的工业废水进行再利用，如用于工业生产中的冷却、清洗等环节，可以降低企业新鲜水取用量，缓解水资源短缺压力，实现工业用水的闭路循环，提高水资源利用效率，推动工业废水处理产业从单纯污染治理向资源循环利用转型。

7.2.2.3 开拓第三方治理模式

一些工业企业并不具备完善的工业废水处理流程，因此通过开拓第三方治理模式，可以实现工业废水的有效处理。第三方治理模式是解决当前环保基础设施建设与运营难题，提升环保产业专业化、规模化水平的有效举措。

一些工业企业尤其是中小企业，将工业废水处理业务委托给专业的环保服务公司。这些环保服务公司负责废水处理设施的建设、日常运营和维护管理，包括水质监测、设备维护、污泥处理等一系列工作。环保服务公司凭借自身的专业技术优势和管理经验，为工业企业提供了集成化的服务。它们可以提供最先进的废水处理技术，帮助企业选择合适的处理工艺和设备。同时，在管理方面，它们可以提供人员培训、环境管理咨询等服务，以确保企业的废水处理符合环保法规要求，实现污染治理的专业化和规范化。

7.2.2.4 发展环保产业集群

环保产业集群通过整合产业链上下游资源，形成产业集聚效应和协同创新优势，有助于提升环保产业整体竞争力。在工业废水处理产业发展中，以工业园区为依托，聚集了工业废水处理设备制造企业、工程设计公司、运营服务提供商及科研机构等，构建了完整的工业废水处理产业链。在环保产业集群内，促进企业间的技术交流与合作，可以实现设备制造、工程设计、运营维护等环节的无缝对接与协同创新。例如，设备制造企业可根据工程设计公司与运营服务提供商的反馈，及时优化产品性能；科研机构则可为企业提供前沿技术支持与培养人才，以加速科技成果转化。通过环保产业集群发展，可以降低工业废水处理成本，提高服务质量与效率，增强工业废水处理产业在国内外市场的综合竞争力，推动环保产业规模化、集约化发展。

7.3 促进废水处理的升级

工业产业的快速发展与工业企业数量的增加，导致工业废水的产生量大幅度上升。为了对工业废水实现有效处理，消除或降低其对环境的影响，势必对废水处理工艺、设备进行升级，简单来说就是要对废水处理进行全面升级。废水处理的全面升级要以节能环保、高效经济为导向，使废水处理过程能够在保证或提高处理效果的前提下，更加绿色、低能耗、低成本，为实现可持续发展奠定基础。

7.3.1 促进废水处理升级的意义

促进废水处理工艺与设备的升级，对提升废水处理能力、降低能源消耗、减少碳排放量、提高资源回收利用率等具有重要意义。

7.3.1.1 提升废水处理能力

先进的处理工艺可以处理更高浓度、更复杂成分的废水。例如，采用膜生物反应器，能够有效截留微生物和大分子有机物，使出水水质良好且稳定。传统活性污泥法的 COD 去除率一般为 70% ～ 90%，而膜生物反应器的 COD 去除率可以达到 90% ～ 95%，并且膜生物反应器能够处理更多类型的废水，尤其是对于一些含有难降解有机物的工业废水，能表现出良好的处理效果。除了提升出水水质，高效的设备能够增加废水的处理量。以大型的离心式水泵为例，它可以快速将废水输送到各个处理单元，相比于传统的低效率水泵，其流量能够提升数倍，进而使整个废水处理系统在单位时间内能够处理更多的废水。

高效的处理工艺可确保废水中的 COD、氨氮、重金属等污染物达标排放，防止其进入自然水体引发富营养化、毒害水生生物等问题，从而保护水生态系统的结构与功能完整性。

7.3.1.2 降低能源消耗

工业废水的处理十分耗费能源，如废水的收集与输送、好氧生物处理技术中的曝气、污泥处理中的加热等，都会消耗大量能源。从能量转化的角度来看，传统的废水处理技术就是以能源消耗换取水质的，这些能源同样是由其他能源转化而来的，转化过程中还会产生其他污染，进一步破坏生态环境。工艺、设备的升级，使废水处理消耗了更少的能源，可以在很大程度上减轻废水处理造成的不利影响。

新型的废水处理工艺注重能源的优化利用。例如，将厌氧处理技术与好氧处理技术结合在一起的 UCT 技术和 MUCT 技术，在厌氧阶段可以利用微生物在无氧条件下分解有机物，产生甲烷等能源物质，同时降低废水中的有机物含量，减少后续好氧处理的能耗。

7.3.1.3 减少碳排放量

废水处理过程实际就是碳排放过程，据统计，废水处理行业的碳排放量约占全社会总排放量的 1%，同时是环保产业碳排放量之最。废水处理行业的碳排放主要来源于能源制造与消耗，生物处理技术中的微生物会将有机污染物分解为二氧化碳和水，因此也会释放出大量碳。虽然二氧化碳是空气的主要成分，但是过多的二氧化碳排放会对环境产生影响。二氧化碳也被称为温室气体，这是因为它会吸收和释放红外线辐射使地球温度升高。废水处理工艺、设备的升级可实现低碳型废水处理，为实现"双碳"目标做出贡献。

在废水处理过程中，能源消耗的降低直接减少了碳排放。例如，若使用高效节能的设备和优化的工艺，每减少1千瓦·时电的消耗，就相当于减少约0.997千克二氧化碳排放。一些新型的废水处理技术本身就有低碳效应甚至负碳效应，如藻类处理废水技术，藻类可以在生长过程中吸收二氧化碳进行光合作用，同时去除废水中的氮、磷等营养物质。据研究，每千克藻类可以吸收约1.83千克二氧化碳。另外，从资源回收角度看，废水处理中回收资源可以减少其他行业为获取这些资源产生的碳排放。以回收废水中的金属为例，回收金属用于工业生产比从矿石等原生资源中获取金属消耗的能源更少。

7.3.1.4 提高资源回收利用率

工业废水中往往存在很多有用的污染物，如重金属。将这些污染物回收再利用可以减少能源消耗并降低成本，并且处理后的废水同样算作一种资源，处理效果较好的废水可以代替新鲜水用于更多场合。回收的金属可销售给相关企业获取经济收益，中水回用可以将处理后的废水用于工业生产中的冷却、清洗等环节，减少企业对新鲜水资源的采购成本，提高企业资源利用效率与经济效益。

先进的技术可以实现废水中多种资源的回收。例如，通过反渗透和离子交换等技术，可以回收工业废水中的重金属。据统计，从电镀废水中回收重金属的效率可以达到90%以上，不仅可以减少重金属对环境的污染，还可以将回收的重金属重新用于工业生产。一些新工艺能够从废水中回收水资源和营养物质。

7.3.2 促进废水处理升级的策略

7.3.2.1 改进处理工艺

1. 强化预处理环节

传统的预处理可能只是简单的格栅过滤和沉淀，改进后的预处理采用微电解技术，利用金属的电化学腐蚀原理，将废水中大分子有机物分解为小分子有机物，以提高废水的可生化性。例如，在处理化工废水时，经微电解处理后，废水的 BOD/COD 值可从 0.2 提升至 0.4 左右，大大增强了后续生物处理的效果。

2. 优化生物处理工艺

从单一的活性污泥法发展为多种生物处理工艺组合，如 A²/O 工艺，在厌氧段聚磷菌释放磷，在缺氧段反硝化细菌进行反硝化脱氮，到了好氧段聚磷菌又过量吸收磷同时去除有机物。这种组合工艺对氮、磷和有机物的去除率相比单一活性污泥法显著提高了，氮的去除率可从 30% 提升至 70% 以上，磷的去除率能达到 90% 左右。

3. 深度处理工艺创新

采用膜过滤技术，如超滤与反渗透过滤组合。超滤膜可去除大分子胶体、蛋白质等，反渗透膜则可进一步截留溶解性盐类和小分子有机物。经此组合工艺处理后，电子工业废水出水的电导率可降至 10 微西门子 / 厘米以下，这满足电子芯片生产过程中超纯水的要求，且膜过滤过程中无相变，能耗较低。

4. 资源回收工艺集成

在处理重金属废水时，引入离子交换树脂与电化学回收相结合的工艺。先通过离子交换树脂吸附废水中的重金属离子，当离子交换树脂饱和后，利用电化学方法将重金属离子从离子交换树脂上解吸并回收。例如，处理含镍废水时，镍的回收率可达到 95% 以上，回收的镍可重新用于电镀等工业生产中，既减少了环境污染，又实现了资源的循环利用。

7.3.2.2 升级处理设备

工业废水处理一直是环保领域的关键环节，随着科技的飞速发展，智能化升级为工业废水处理设备带来了前所未有的变革。这一升级不仅显著提升了处理效率与精准度，还极大地降低了运营成本与人工干预程度，为环境保护和可持续发展注入了强劲动力。

1. 智能监控与自动化控制

传统工业废水处理设备往往依赖人工定时巡检和手动操作，难以做到实时精准监控与及时调控。智能化升级后，各类传感器被广泛应用。例如，水质传感器可实时监测废水的酸碱度、溶解氧、COD 等关键指标；流量传感器能精确把控废水的流入流量与处理流量。这些数据被即时传输至中央控制系统，通过预设的算法模型被分析处理。一旦水质参数偏离正常范围，系统会自动发出警报并迅速启动相应的调整装置。自动化控制还体现在设备的启停、反冲洗等操作上，根据水量和水质变化自动优化运行模式，实现了 24 小时不间断精准处理，有效避免了人为操作失误和延误，大大提高了处理效率和稳定性。

2. 远程运维与故障预警

智能化的工业废水处理设备支持远程运维管理。借助互联网技术，运维人员可通过手机、电脑等终端随时随地接入设备控制系统，查看设备实时运行状态、历史数据记录及处理效果分析报告。在设备出现异常时，专家团队无须亲临现场就能进行远程诊断和技术指导，快速解决问题，这可以大幅缩短停机时间。同时，基于大数据分析和智能算法的故障预警功能，能够对设备潜在故障进行提前预测。通过对设备运行数据的长期监测与深度挖掘，系统可智能识别出数据中的异常波动模式，这些模式往往是设备故障的先兆。故障预警系统会提前数天甚至数周向运维人员推送预警信息，详细告知可能出现故障的设备部件、故障类型及预计发生时间，使运维人员有充足的时间准备维修工具和更换部件，提前安排维护计划，从而有效降低突发故障的发生率，减少因设备停机维修带来的经济损失和环境风险。

3. 能源优化与资源回收管理

在能源消耗方面，智能化升级后的工业废水处理设备能够实现精细化的能源管理。通过对各处理单元的能源消耗进行监测与分析，结合废水流量、水质变化等因素，系统运用智能算法动态调整设备的运行功率和工作时间。例如，在夜间或低流量时段，自动降低某些非关键设备的运行频率或暂停部分辅助设备，以达到节能目的。同时，设备能对能源回收利用环节进行优化控制。例如，对厌氧处理过程中产生的沼气进行有效收集和利用，通过智能沼气发电系统可以将沼气转化为电能，为设备自身运行提供部分电力支持，实现能源的循环利用，进一步降低对外界能源的依赖，减少碳排放。在资源回收方面，智能化设备可以根据废水中不同物质的含量和特性，精准控制回收工艺参数。例如，在重金属回收过程中，通过对离子交换树脂再生时间、洗脱液浓度等参数的智能调控，可以提高重金属的回收率和纯度，使回收的资源能够更好地满足工业生产的再利用要求，实现经济效益与环境效益的双赢。

工业废水处理设备的智能化升级是环保产业发展的必然趋势，它将先进的传感器技术、自动化控制技术、大数据分析技术和人工智能技术有机融合，使工业废水处理在效率、精度、可靠性和可持续性等方面都取得了质的飞跃，为守护地球水资源、推动绿色发展提供了坚实的技术保障。

参考文献

[1] 张一婷, 耿世刚, 伦海波, 等. 微电解法处理含铬钢铁废水的研究 [J]. 工业安全与环保, 2014, 40（1）: 25-27, 78.

[2] 伦海波, 张一婷. 印染高浓度有机废水处理工艺研究 [J]. 纺织导报, 2014（7）: 103-105.

[3] 伦海波, 张一婷. 粘胶行业废水及污泥处理工艺研究 [J]. 纺织导报, 2014（3）: 54-56.

[4] 伦海波, 张一婷. 大豆分离蛋白生产废水钙法除磷工艺的研究 [J]. 中国食品添加剂, 2014（5）: 139-142.

[5] 卞强. 可持续发展定义透视与重建研究 [D]. 哈尔滨: 哈尔滨理工大学, 2012.

[6] 王书明. 可持续发展涵义研究述评: 对布兰特定义的质疑和中国学者的理解 [J]. 哲学动态, 1996（10）: 17-21.

[7] 郭宇杰, 修光利, 李国亭. 工业废水处理工程 [M]. 上海: 华东理工大学出版社, 2016.

[8] 杨春平, 罗胜联. 废水处理原理 [M]. 长沙: 湖南大学出版社, 2012.

[9] 乔函, 张璐, 李薇, 等. 活性炭吸附处理印染废水及再生研究 [J]. 化工新型材料, 2022, 50（增刊1）: 422-426.

[10] 孟建丽, 张润斌, 孟建雄. 调节池的作用及设计探讨 [J]. 科技情报开

发与经济，2011，21（12）：173-176.

[11] 冯计安，邬亮.臭氧氧化技术在废水处理中的应用 [J].化工设计通讯，2019，45（6）：57，83.

[12] 高海生，李瑞，樊彩梅.化学沉淀法处理酸性含氟废水研究 [J].水处理技术，2014，40（11）：107-110，114.

[13] 樊红梅.化学沉淀法在水质处理中的应用与优化 [J].化工管理，2024（2）：32-35.

[14] 廖宇轩，李远哲，夏雪睿，等.化学反应在废水处理中的应用 [J].塑料助剂，2019（3）：48-53.

[15] 廖宇轩，李远哲，夏雪睿，等.废水处理方法的比较与选择 [J].塑料助剂，2019（1）：50-53.

[16] 石华东，任灵芝.生物膜法的应用现状及发展前景分析 [J].节能，2019，38（7）：99-100.

[17] 孟思齐.生物膜法在污水处理中的应用研究 [J].造纸装备及材料，2024，53（3）：141-143.

[18] 张超.生物膜反应器内微生物运动及附着特性研究 [D].重庆：重庆大学，2015.

[19] 王圣武，马兆昆.生物膜污水处理技术和生物膜载体 [J].江苏化工，2004，32（4）：36-38.

[20] 李星雨，李广，余运湧，等.生物膜载体填料在废水处理中的应用研究进展 [J].煤炭与化工，2023，46（8）：156-160.

[21] 李英，卢俊平，田建芳.生物转盘污废水处理技术研究新进展 [J].内蒙古水利，2016（12）：51-52.

[22] 闫高俊，杨治广，庄国强，等.生物滤池在污水深度处理中的研究进展 [J].环境科技，2021，34（3）：73-78.

[23] 刘淼.A/O工艺处理含硫酸盐废水实验研究 [D].大连：大连海事大学，2020.

[24] 王辰辰.A^2/O工艺处理城镇污水的脱氮除磷性能研究 [D].邯郸：河北工程大学，2019.

[25] 范亚静，张丹凤，张颖，等.ATP 法在生物处理工艺优化中的应用分析 [J].辽宁科技学院学报，2024，26（2）：1-4.

[26] 徐海江.MUCT 工艺处理生活污水研究 [D].天津：河北工业大学，2005.

[27] 孙丽楠，张美鑫，谢晓丹.纺织工业废水处理模式改进研究 [J].纺织报告，2023，42（4）：34-36.

[28] 孙美娇，庞娟，潘成.纺织品生产过程中的节能减排与碳排放控制技术 [J].印染助剂，2024，41（9）：7-12.

[29] 宋建华.废水处理产生的沼气回收技术应用与实践 [J].上海节能，2011（4）：25-28.

[30] 冯伟，李福祥.废水处理工艺优化与废气监测技术综述 [J].皮革制作与环保科技，2024，5（8）：6-8.

[31] 施英乔，丁来保，李萍，等.废水污染负荷与造纸原料结构关系的研究 [J].林产化学与工业，2003，23（2）：25-27.

[32] 周亿冉，卓旭萍，吕丹露，等.环境友好型改性甲壳素吸附剂对苯扎氯铵的吸附与抑菌性能研究 [J].广东化工，2024，51（18）：29-31，61.

[33] 刘军，杜茹男，宋佳蓉，等.混凝 - 过滤工艺处理洗车废水实验研究 [J].节能，2017，36（5）：13-17.

[34] 王曦宇，哈斯.壳聚糖吸附剂对重金属的吸附研究 [J].山东化工，2023，52（23）：29-31，36.

[35] 王凯军.可持续发展的新型高效废水处理技术 [J].环境保护，2007，38（18）：35-37.

[36] 杨宗政，庞金钊.可持续发展战略与废水资源化技术 [J].天津城市建设学院学报，2003（3）：208-211.

[37] 高湘，贾西宁.可持续发展中废水处理的意义 [J].新西部，2008（20）：87.

[38] 刘海燕，孙雪莉.可持续水处理技术在工业废水治理中的应用与优化 [J].皮革制作与环保科技，2024，5（7）：21-23.

[39] 张磊, 郎建峰, 牛姗姗. 可生物降解材料在水环境领域中的研究进展 [J]. 资源节约与环保, 2010（3）: 41-43.

[40] 吕烁, 刘允鹏. 绿色化学工程与工艺对化学工业的促进作用 [J]. 清洗世界, 2024, 40（3）: 74-76.

[41] 蔡红兵, 朱红进. 关于绿色环保型水处理药剂的相关思考 [J]. 化工设计通讯, 2017, 43（10）: 242-243.

[42] 郑礼胜, 施汉昌, 钱易. 内循环三相生物流化床处理生活污水 [J]. 中国环境科学, 1999, 19（1）: 51-55.

[43] 周平, 钱易. 内循环生物流化床处理生活污水的试验研究 [J]. 给水排水, 1998, 24（10）: 28-31.

[44] 陈泰. 气提式内循环反应器处理生活污水的试验研究 [D]. 乌鲁木齐: 新疆大学, 2010.

[45] 魏佳音. 气提式生物反应器处理分散式生活污水实验研究 [D]. 兰州: 兰州交通大学, 2023.

[46] 王苗. 污水处理厂污泥厌氧消化强化产甲烷技术研究 [D]. 西安: 西安建筑科技大学, 2022.

[47] 朱辉. 浅论资源回收利用中的二次污染及防范措施 [J]. 商, 2015（26）: 298.

[48] 刘士军. 屠宰与肉类加工废水可持续处理工艺探讨 [J]. 环境保护科学, 2017, 43（3）: 112-115.

[49] 武晓畅. 肉制品加工废水处理工程设计 [D]. 太原: 山西大学, 2019.

[50] 郭向利, 姚亚东, 尹光福, 等. 新型印染废水脱色材料的研究 [J]. 材料工程, 2006（增刊1）: 113-116.

[51] 张润林. 山东某化纤废水处理工艺优化的研究 [D]. 济南: 山东大学, 2011.

[52] 杨帆, 马伟, 苏晓峰, 等. 生活污水、工业废水处理工艺研究与实施 [J]. 环境与生活, 2014（6）: 99.

[53] 刘林富. 粘胶纤维生产废水的处理 [J]. 化学工程与装备, 2023（6）: 245-247.

[54] 刘昕.洗车废水循环利用过程中超滤处理工艺的应用探讨 [J].科技与创新，2015（3）：119.

[55] 董岚，梁铁中.生态时代的环保产业发展 [J].东南学术，2009（6）：60-67.

[56] 董建琳.调整原料结构，促进造纸工业可持续发展 [J].甘肃科技，2001（2）：57.

[57] 张巍峰.化纤织物的无水染色技术 [J].中国纺织，2018（1）：134.

[58] 周杰，李昕圆，田民格，等.电沉积法处理和回收废水中金属的研究进展 [J].分析化学，2023（11）：1735-1746.

[59] 翟作昭，张利辉，王晓磊，等.电吸附处理重金属离子的研究进展 [J].现代化工，2024，44（2）：47-51，57.